列島自然めぐり

日本の地形・地質

――見てみたい大地の風景116――

写真●北中康文

解説●斎藤眞　下司信夫　渡辺真人

文一総合出版

はじめに

日本には、他国と異なる独特の美しい風景があります。風景は私たちが目で見ることのできる大地の形（地形）です。その大地をつくる地層や岩石のできた時代やでき方の違いによって性質（地質）が異なるため、特有の風景がつくり出されます。

日本列島は約５億年前からの地層や岩石からできていて、プレートの沈み込み帯という地球上でも最も変動の激しい地域にあることが特有の風景の理由なのです。風景の裏には、このように日本列島の長い歴史が隠れているのですが、それはみなさんの足下も同じです。

本書は、日本の自然の風景をつくり出している「もの」に着目して作成した地形・地質図鑑であると同時に、その地を実際に訪れて風景の成り立ちをイメージするためのガイドブックです。

本書の美しい写真を眺めることで、少しでも地球の表面をめくった地下のことに興味をもっていただけたら幸いです。

著者

CONTENTS

目次地図 ❶ 北海道～東北エリア

掲載地番号　名称（都道府県名）…ページ数

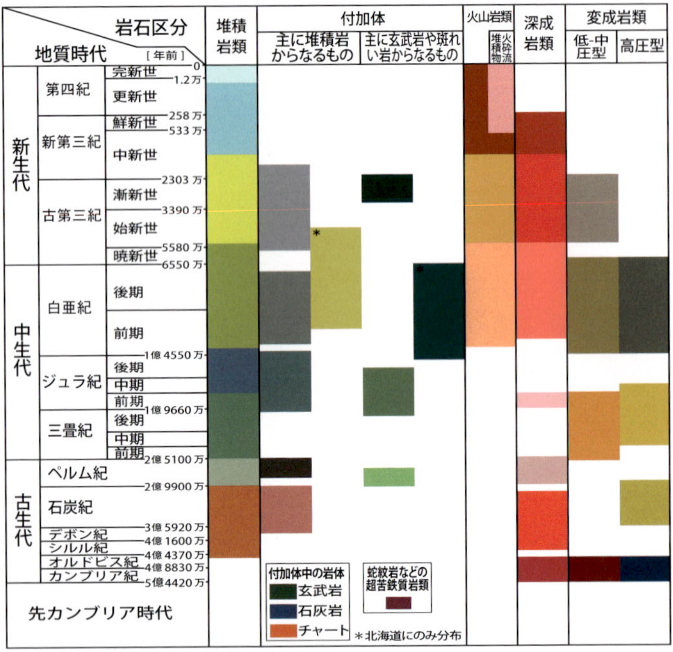

上の表の色区分は日本地図の色と対応しています。

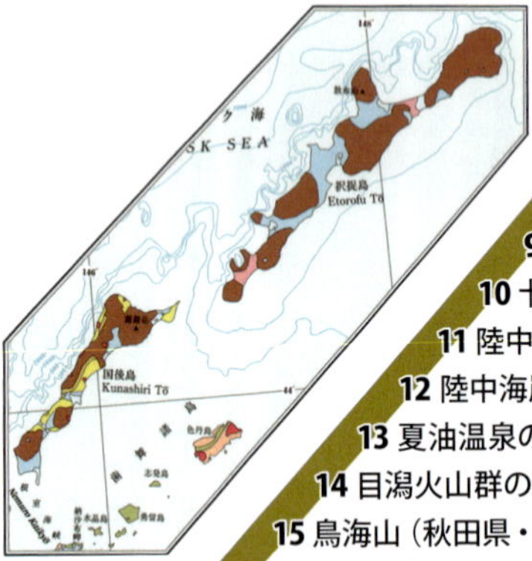

東北

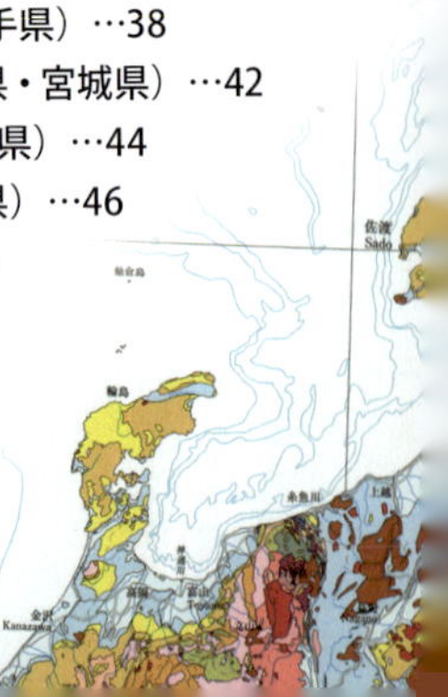

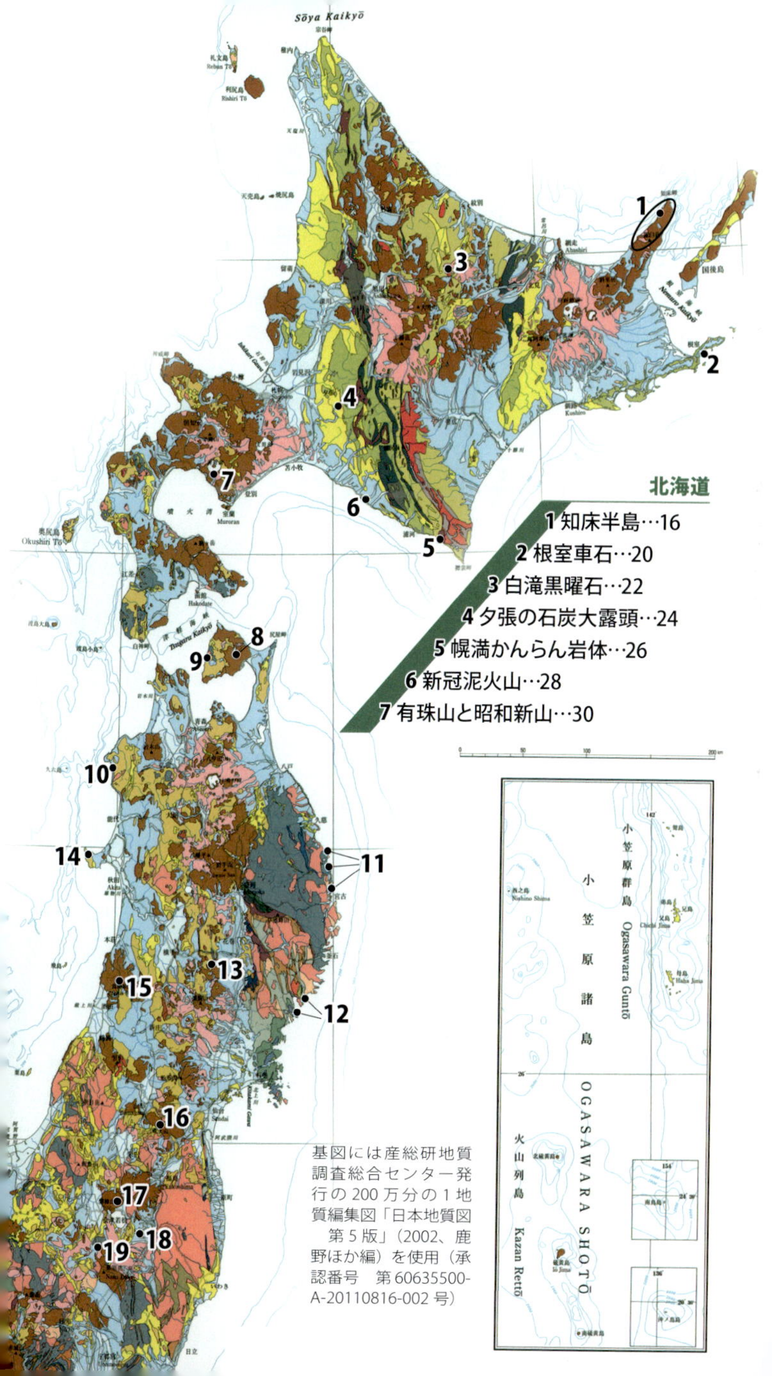

北海道

基図には産総研地質調査総合センター発行の200万分の1地質編集図「日本地質図第5版」(2002、鹿野ほか編)を使用(承認番号 第60635500-A-20110816-002号)

目次地図❷ 関東～近畿エリア

掲載地番号　名称（都道府県名）…ページ数

中部

近畿

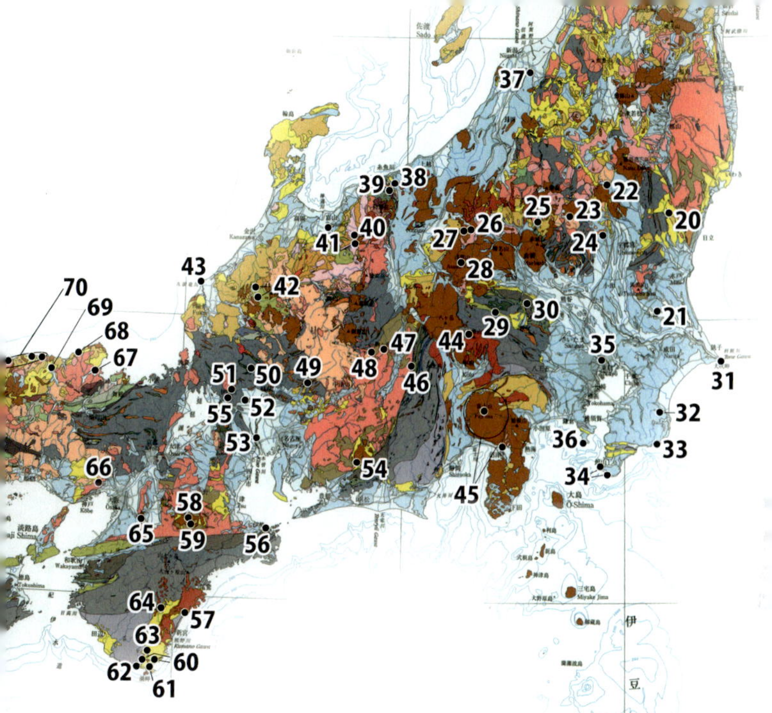
37
39
38
22
25
23
20
26
40
27
41
24
28
43
42
30
21
29
70
69
68
47
44
35
67
51
50
49
48
46
31
55
52
32
53
36
33
66
54
34
45
大島
Ō-Shima
58
65
59
56
64
57
63
60
62
61

関東

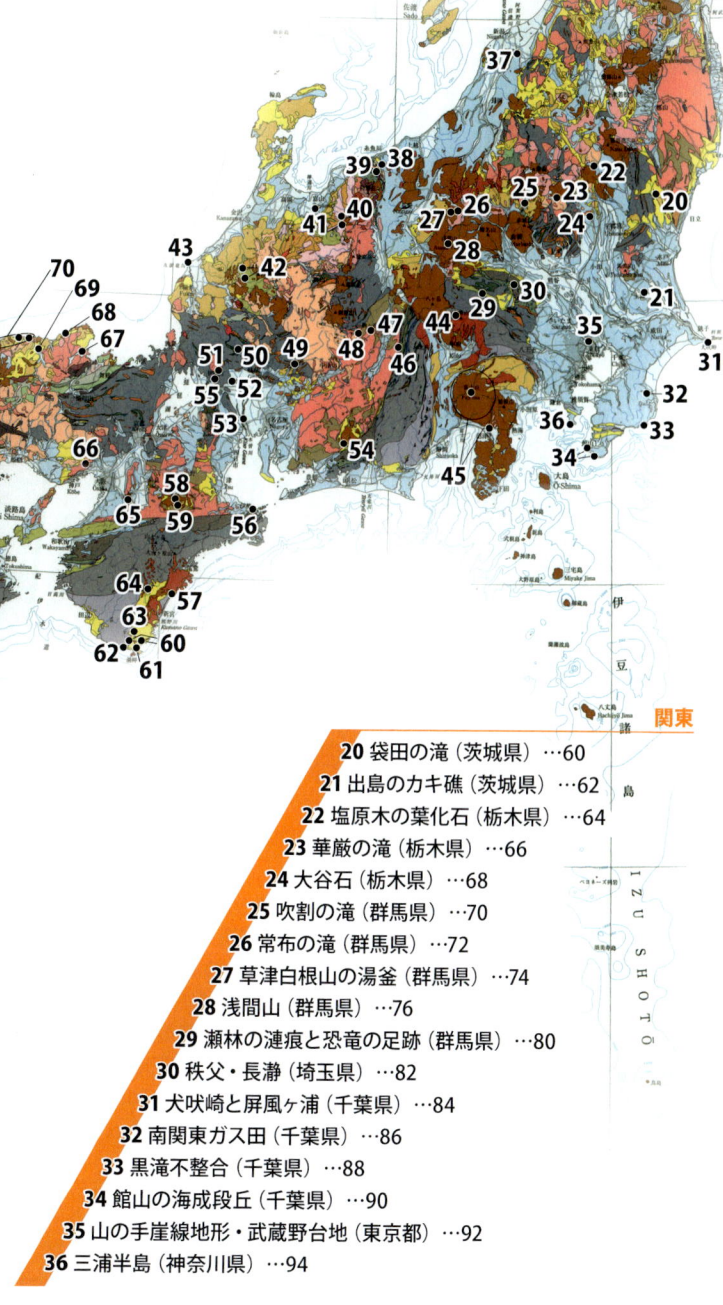

目次地図 ❸ 中国～九州・沖縄エリア

掲載地番号　名称（都道府県名）…ページ数

中国

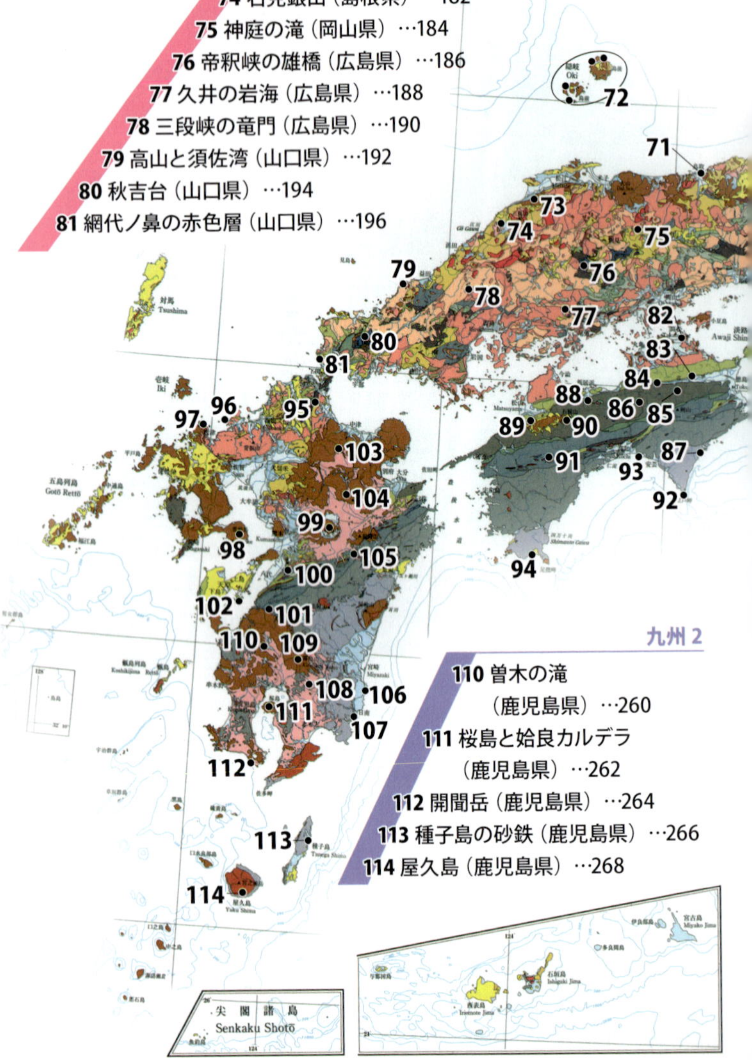

九州 2

四国

九州 1

沖縄

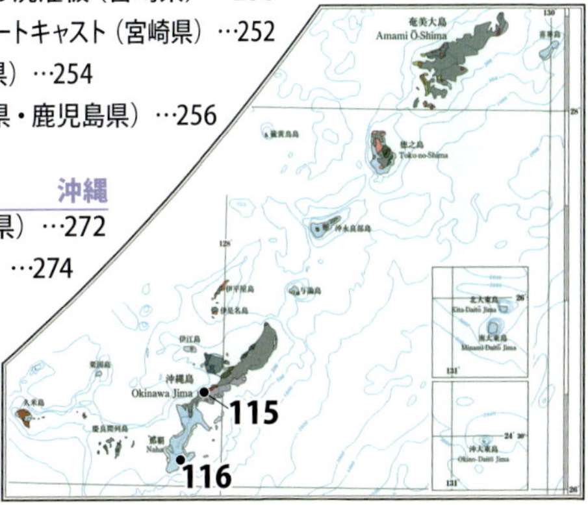

奄美大島
Amami Ō-Shima
徳之島
Toku-no-Shima
沖永良部島
与論島
伊平屋島
伊是名島
伊江島
沖縄島
Okinawa Jima
久米島
那覇
Naha
北大東島
南大東島
沖大東島
115
116

本書の見方

日本の景勝地の中から、天然記念物、世界遺産、世界／日本ジオパーク、地質百選などに選定されていて、地質学的に特徴のある場所を116カ所掲載した。

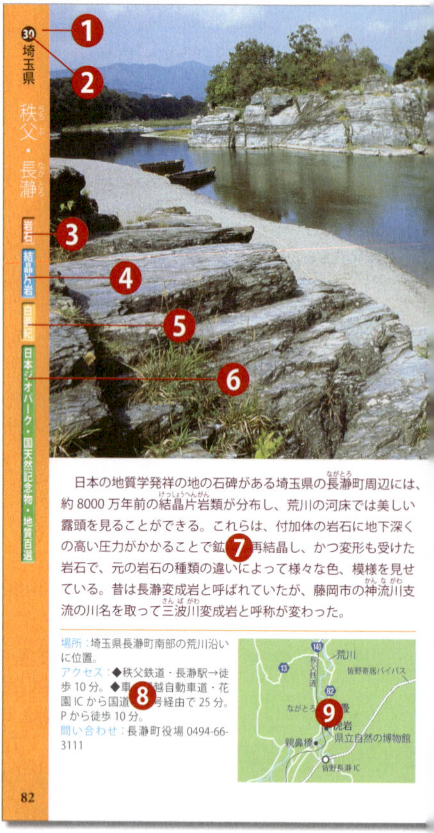

❶**インデックス**：エリアごとに色分けしている。

- ：北海道
- ：東北
- ：関東
- ：中部
- ：近畿
- ：中国
- ：四国
- ：九州・沖縄

❷**掲載地番号**：目次地図上の番号も同じ。

❸**橙アイコン**：掲載地の地質学的なおおまかな分類。

❹**青アイコン**：この場所に主に見られる岩石など。

❺**黄アイコン**：地形・地質がつくられた時代。具体的な年数は地質年表（p276～277）参照。

❻**緑アイコン**：国や都道府県指定の天然記念物、世界遺産、世界／日本ジオパーク、地質百選など。

❼**解説**：掲載地に見られる地質学的特徴や歴史などの概要。

❽**アクセス情報**：実際に訪れる場合に必要な基本情報。詳細については、「問い合わせ先」などでご確認ください。

観察ポイント 埼玉県立自然の博物館前の荒川河床は、結晶片岩が水平に近い構造をもつことから岩畳《いわだたみ》と呼ばれ、絶好の観察地。虎岩《とらいわ》と呼ばれる白黒の模様が細かく褶曲《しゅうきょく》したスチルプノメレン－石英片岩が有名。泥岩が変成した黒色⑪みがかった灰色をしたものや玄武岩の変成した緑色のものが多く、原岩を想像して観察するのが面白い。国道 140 号線の親鼻橋《おやはなばし》のすぐ上流右岸（南岸）にある、紅れん石を含む見事な赤色をした結晶片岩も観察したい。

岩畳は、荒川河⑩にある結晶片岩 (2010.10.15

岩畳（右上／右） 結晶片岩の岩相が見られる。色⑫元の岩石の成分と温度圧力条件を、ひらひらの向きは変成する時の力のかかり具合を示している。

虎岩《とらいわ》 褐色のスチルプノメレンと白色の石英・曹長石・方解石の縞模様。玄武岩凝灰岩が変成したものらしい。（撮影：斎藤眞）

83

❾**地図**：アクセス情報と主な掲載地を記載。ページによっては、メイン写真の撮影場所と撮影方向→を示した。

❿**日付**：撮影年月日

⓫**観察ポイント**：どこの何について観察するといいのか、特に興味深いポイントに絞って解説。

⓬メイン写真の場所以外にも、ぜひ見ておきたい場所など。

※本書の情報は
2012 年 2 月現在のものです
（ただし天災等で現状と異なる場合があります）。

観察に行く前に

本書では、観光地、景勝地、天然記念物を多く紹介しています。観察に行くときは、地球が私たちに与えてくれた重要な遺産を損壊しないように気をつけましょう。

本書の掲載地の大部分のところでは、野外で活動できる一般的な服装・靴（スニーカー）といった装備で十分です。観察をより楽しむために、方位磁石（コンパス）、使い慣れたカメラ、ルーペ（20 倍くらいのもの）、双眼鏡（10 倍以上あるとよい）を持参し、できるだけ荷物は手で持たず、リュックなど背負えるバッグにしましょう。

自然の風景を楽しむために

風景の裏側をのぞいてみよう

斎藤 眞

風景を眺めるとき、見たままの自然の雄大さや圧倒的な迫力に心奪われますが、そこに潜む地球規模の舞台裏には案外気づかないものです。観光地に限らず、いつもの散歩道にも地層や岩石がひょっこり顔を出しているかもしれません。日頃気にしていないだけで、ちょっと視点を地球に向ければ、地層・岩石はとても身近な存在なのです。

■花と地層と岩石と

本書で取り上げている場所には観光地が数多くあります。美しい風景を見たときに、そのでき方の鍵を握っている地層や岩石のことを知ってほしい、との願いから、一般的にも有名な景勝地を重点に選んでみました。もちろん、取り上げたところ以外にトレッキングやハイキングに行けば、感動する風景に遭遇することもあるでしょうし、地層や岩石を直接見ることも多いはずです。出かけた先で感動したのが、もしきれいな花だったら、名前はわからなくても、写真を撮ってきて名前を調べたりしませんか？　すると、またその美しさが思い出とともによみがえってくるのではないでしょうか。地層や岩石も同じ。調べ方が違うだけです。

本書に取り上げられているところであれば、どの場所に行ったのかによって、どんな地層か、どんな岩石か、いつできたのか知ることができます。岩石の種類を扱った岩石図鑑は見かけますが、その場所にあった地層や岩石がなんだったかを答えてくれる図鑑は今までほとんどなく、専門家に聞くしかありませんでした。ぜひ本書を地形や地質の図鑑として活用していただきたいのです。そして、さらに興味を深め、本書に掲載していない観光地や身近なところの地質や地層、岩石などについて知りたくなったら、インターネットで「シームレス地質図」を検索してみてください。詳細

牡鹿半島の砂岩泥岩互層。1億5000万年前の硬い地層が折れ曲がる。

な地質の情報が得られるでしょう。

上州の荒船山。脆弱な地層に約200万年前の硬い溶岩が重なり絶壁に。

■風景と地形を生み出す地質

風景はだいたいの場合、目に見える大地の形のことですから、地形といえます。しかし、風景はどちらかというと雰囲気を表す言葉に近いのに対して、地形というと学術用語的で様々な名称があります。たとえば「カール」というのは、氷河がつくる地形のひとつを指す地形用語で、実は「山」とか「滝」というのも、地形を表す言葉なのです。つまり、「地形」は地層や岩石の状態（硬いか、軟らかいか、どんな向きか）＝「地質」を反映してできているため、地形として見ている風景のできた理由は、「地質」を知ることによってわかる、ということになります。たとえば、風化に強く硬い地層や岩石があれば山や険しい谷になり、断層などで地層や岩石がズタズタ・ボロボロになれば、削られやすくなり広い谷が形成されます。前者の例として本書では花崗岩のまわりを熱で焼かれて硬くなった地層がとりまいている屋久島（p 268）、チャートでできた飛水峡（p 126）など、後者の例としては、立山カルデラ（p 106）などをとりあげました。また、濃尾平野や関東平野のような大きな平野ができる、北アルプスのような山脈ができるなどは、個々の地層・岩石の形成よりずっと広範囲で長い年月をかけた「地殻変動」といわれる地質現象が関係しています。

このように「地質」には、地層・岩石の種類だけでなく、長い年月をかけて断層が動いたり、隆起したり、沈降したりしてきた、いわゆる「地球が動いてきたプロセス」、が含まれているのです。そして、「地質」には時間の要素が入っているため、地形が今後どうなっていくかを予測するための情報源でもあります。

■地層や岩石を“楽しむ”

風景を見ること以外にも、地層や岩石に関して、様々な楽しみ方があります。ビルの外壁や墓石には花崗岩が使ってあったり（国会議事堂が良い例）、ホテルのロビーには石灰岩や大理石が使ってあったりと、街中でも岩石を見る機会は意外と多いものです。デパートの壁に使われた石灰岩に大きな化石が入っていた、と話題になったこともあります。また、九州に点在する多くの石橋は、主に溶結凝灰岩を材料につくられていることも意外に有名です。なぜそれがそこに使われているのか、なぜそこに化石が潜んでいたのか、地層や岩石のことを知っていると楽しくなります。

秋田平野の地下の新第三紀層には石油が眠る。地質は資源の源。

■日常を豊かにする地質の知識

地層や岩石は、風景を見るときに楽しむだけのものではありません。2011年3月11日の東日本大震災の時に関東平野の内陸でも液状化が起きて、自宅の地下の地質のことが心配になった方も多いことでしょう。住宅を造るときには、簡単な地質調査をすることが多いので、可能であれば現場を見学するといいかもしれません。また、宅地開発地域では、重機で地面を削って造成しているので、地層・岩石を簡単に見ることができるでしょう。ほかにも、花崗岩には放射性同位体が多く含まれ、常に弱い放射線を出していることを知っていれば、墓地の放射線量がわずかに高いことが話題になっても、慌てなくて済みます。

山間地にいくと、地質は災害と密接な関係があります。地すべりの起こる地域には地層的な理由がありますし、大雨で土砂が流出するような岩石もあります。急斜面だから崩れやすい、という単に表面上の考えもありますが、地層・岩石の硬さだけでなく、地層の状態と向きによっても状況が異なってきます。やはり、特性・特質を知っていると、起こりうることも予想できるわけです。

シャッターを切る前に

写真家：北中 康文

景勝地を撮影する場合、その地形を形成してきた地質に目を向け、成り立ちや背景を理解すると、より“絶景”ならではの魅力が見えてくるでしょう。そうすれば、その景勝地のどこを狙って撮影すれば特徴を出せるのか、自ずとわかってきます。

■光を読む

撮影に使うカメラは、何も高級一眼レフでなくても構いません。コンパクトカメラであっても、普段使いなれているカメラが一番です。その上で、現場の天候や光線状態についてもチェックしましょう。

たとえば、撮影距離が離れた山岳や海岸の撮影では、曇りより晴れの日がおすすめ。なぜなら、曇天では遠景の山肌や稜線がクリアにとらえられないからです。海岸では、晴天でないと海の色が鮮やかに写りません。その上で、順光〜斜光のライティングで狙うと、岩肌の色彩も鮮やかに描写できるでしょう。

一方、比較的近い距離から岩肌を狙ったり、日向と日陰が顕著な渓谷などを撮影する場合には、曇天の柔らかい光線状態がおすすめです。陰影が生じないため、岩肌の表情を素直に描写できるからです。もちろん、晴れていれば晴れているなりの撮り方があって、あえて陰影を活かして岩肌の立体感を出すのも、一手ですが。

このように、地形・地質を撮影する場合には、天候や光線状態に気を配ると、より臨場感のある写真になるでしょう。

■"地球"を感じながら、撮る

目の前の景観を眺めて写すだけではなく、地球の時間尺度でその景観の過去をイメージしてみると、地形・地質の撮影がよりおもしろくなる、というのが僕の持論です。みなさんは、石灰岩が珊瑚から生まれることを知っていますか？

右上の写真は、沖縄県にある珊瑚のかけらだけでできたバラス島の浜辺。その下は、高知・愛媛県境の石灰岩からなる山地・四国カルストで、海生生物起源の石灰岩が大量に生成された時代の石灰岩。「珊瑚」と「石灰岩」というキーワードのつながりを知っていれば、遠く離れた地で撮影したこの2枚の写真が、地球の時間の中で深く結び付いてくるのです。2〜3億年の時を隔てて。

地形や地質を知ることで、地球がより身近な存在となり、風景写真を撮るのが一段と楽しくなるでしょう。

❶ 北海道

知《しれ》床《とこ》半《はん》島《とう》

火山

火山岩

新第三紀・第四紀

世界遺産・地質百選

知床半島の土台は数百万年前に海底火山が噴出した溶岩や火山岩からできていて、その上に、羅臼岳《らうすだけ》（標高 1660m）や知《しれ》床《とこ》硫黄山《いおうざん》（標高 1562m）といった新しい火山が噴出している。

知床五湖から望む晩秋の知床連山。向って右が主峰の羅臼岳（1999.10.19）

これらは、国後島《くなしりとう》からさらにカムチャッカ半島まで続く火山群で、噴出するマグマは千島海溝での太平洋プレートの沈み込みによってつくられる。

観察ポイント 知床半島には、高温の溶岩が水で冷却されてできた水冷《すいれい》火《か》砕岩《さいがん》が多い。急冷によって収縮・破砕した岩塊は、水によって浸食運搬された礫《れき》とは異なり、すべて角張った外形をしている。

激しい波浪による浸食のため、知床半島北西側の海岸線は切り立った海食崖が続いている。

フレペの滝 知床連山に降った雨や雪が、100 mもの断崖の割れ目からしみ出して滝となっている。別名「乙女の涙」。

フレペの滝付近から望む知床連山
羅臼岳（右端）や硫黄山（左端）は、現在も活動を続けている火山。

硫黄山とカムイワッカの滝　火山によってつくられた山と、そこから海に流れ出す豊かな水によって、世界遺産に指定された独特の生態系が保たれている。

カムイワッカ湯の滝　川そのものが温泉水で、硫黄山から海までいくつもの滝でつながっている。火山活動が活発な知床半島では、豊富な温泉が湧出している。

カシュニの滝　滝のかかる断崖は、数百万年前の海底火山の噴火でできた凝灰《ぎょうかい》角礫岩《かくれきがん》などからできている。

場所：北海道斜里町および羅臼町の知床半島全域。
アクセス：◆JR斜里駅→斜里バスにて知床自然センターまで1時間。季節により知床五湖やカムイワッカ湯の滝入口へもバス運行あり。◆車：中標津空港から国道272・335号経由で羅臼まで1時間。
問い合わせ：斜里町役場 0152-23-3131　羅臼町役場 0153-87-2111

根《ね》室《むろ》車《くるま》石《いし》

火山
玄武岩
白亜紀
国天然記念物

根室半島では、6800万～6500万年前に深海底に噴出し冷やされた溶岩の様々な形態を見ることができる。海水に接した溶岩表面から垂直に柱状節理《ちゅうじょうせつり》が発達するため、海底一面にシート状に広がった溶岩流の一部がドーム状に盛り上がった場合には、放射状に割れ目ができる。根室車石が車輪のような形をしているのはこのためである。花咲岬の海岸では、枕状溶岩《まくらじょうようがん》にも放射状の柱状節理が発達している。

場所：北海道根室市花咲港東部に位置する花咲岬。
アクセス：◆ＪＲ根室駅→根室交通バス（根室線）で15分、「車石入口」下車、徒歩30分。◆車：中標津空港から国道243・44号、道道310号経由1時間40分。Pから徒歩5分。
問い合わせ：根室市観光協会 0153-24-3104

観察ポイント 車石は深海底に噴出したシート状溶岩に発達した放射状の柱状節理。海岸線の断崖には、シート状溶岩の下位に枕状溶岩が積み重なっているのが観察できる。枕状溶岩とシート状溶岩は、海底に噴出した溶岩の流れ方の違いを表している。

花咲灯台すぐ下の車石は、世界的にも珍しい直径 7.5m にも及ぶ車輪型の節理（2009.7.3）

車石の側面　多角形をした柱状節理のパターンが観察できる。

枕状溶岩　粘性の低い玄武岩溶岩が水中で冷却してできる。

花咲岬の海岸線　枕状溶岩の上に、厚いシート状の溶岩が載っている。噴出した溶岩の流れ方の違いにより、溶岩の形が異なっている。

3 北海道

白《しら》滝《たき》黒《こく》曜《よう》石《せき》

火山岩

黒曜石

第四紀

日本ジオパーク・道天然記念物・地質百選

八号沢露頭の崖には、黒曜石があちこちに露出している（2009.7.7）

　北海道遠軽町《えんがるちょう》（旧白滝村）赤石山《あかいしやま》（標高 1172m）にある黒《こく》曜石《ようせき》産地。約 220 万年前に流紋岩溶岩《りゅうもんがんようがん》が噴出し、冷えて固まるときに溶岩の一部が天然のガラスである黒曜石となった。黒曜石は破断面が鋭く、最良の石器材料である。約 2 万 5 千年前、最終氷期の一番寒い時期から約 1 万年以上にわたり、旧石器時代人が赤石山の麓の湧別《ゆうべつ》川流域を訪れ、黒曜石を利用した。その遺跡が白滝《しらたき》遺跡で、細石刃《さいせきじん》など大量の石器が産出する。

観察ポイント 黒曜石は、約300万年前にできた幌《ほろ》加《か》湧別《ゆうべつ》カルデラの中に噴出した流紋岩溶岩の中にある。流紋岩溶岩が水のあるところで急冷するなど、いくつかの条件が揃ったときに黒曜石になる。黒曜石は鉱物の結晶を含まないので、鋭い刃物がつくれる。なお出土品については、遠軽町埋蔵文化センターで見ることができる。

黒曜石　マグマが固まる際にゆっくりと冷えると、マグマの中で結晶が成長してつぶつぶの見える石になるが、急激に冷えた黒曜石には結晶の粒がない。

赤茶色の模様が入った黒曜石は十勝石としてアクセサリーなどに今も使われている。※ただし、一般の採取禁止。

写真のような石器だけでなく、槍などの先にカートリッジ式のカミソリの刃のように付けて使う細石刃もつくられた。

場所：北海道遠軽町白滝の赤石山一帯。
アクセス：◆遠軽町役場主宰の見学ツアー（年十数回）に参加する。林道ゲートが閉鎖されているため（通行許可必要）、一般の自家用車ではアプローチ不可。
問い合わせ：遠軽町役場 0158-42-4811

❹ 北海道

夕《ゆう》張《ばり》の石《せき》炭《たん》大《だい》露《ろ》頭《とう》

石炭　石炭　古第三紀　道天然記念物・地質百選

厚さ７ｍの石炭層。1888年に発見され、石狩炭田の開発のきっかけとなった。約4000万年前頃、今の北海道北部から三陸沖にかけて、平野、湖、湿地や入江が拡がっていた。枯れた植物が湿地で泥炭となり、2000mを越える地中深くまで埋まり、地圧や地熱を受けて硬く緻密な石炭ができた。その後日高山脈が高くなるのにつれて上がってきて、上に載っていた地層が削られ、石炭層は地表に出て今の姿となった。

場所：北海道夕張市の「石炭の歴史村」内に位置。
アクセス：◆JR夕張駅より徒歩20分。◆車：道東自動車道・夕張ICから国道452号、道道38号経由で30分。
問い合わせ：夕張市役所01235-2-3131

地面のすぐ上から木に隠れている所まで、黒い部分は全て石炭。（2009.7.11）

観察ポイント 3 層にわかれた石炭層の間には泥岩層がはさまっている。約 4000 万年前に泥炭層ができているときに、一時的にまわりの地形や環境が変化して、泥がたまったもの。柔らかい泥炭が石炭になると、厚さが何分の一かになる。もとの泥炭の厚さはどれほどあったのか、思い描いてみるのもいい。

石炭層　ほぼ水平な状態で 3 層にわかれている。

石炭　石狩炭田からは、製鉄などに使うコークスの原料となる良質な石炭を産出した。

夕張炭鉱　かつての坑口跡。1977 年に閉山。

幌満《ほろまん》かんらん岩体《がんたい》

岩石
かんらん岩
新第三紀中新世
日本ジオパーク・地質百選

日高山脈の南部、様似町《さまにちょう》のアポイ岳（標高 810m）や幌満峡《ほろまんきょう》には幌満かんらん岩が分布する。かんらん岩は地殻の下にあるマントルに特徴的に見られる岩石で、この付近は地殻の下にあったはずのマントル物質が地表で見られる地球上でも数少ない場所。約 1800 万年前に千島列島が西に移動し、東北海道西部にぶつかった影響で地殻とマントル上部がめくれ上がって見えているとする説が有力視されている。

場所：北海道様似町のアポイ岳周辺一帯。
アクセス：◆ JR 様似駅→ JR バスで「アポイ登山口」まで 11 分。◆車：日高自動車道・日高富川 IC から国道 235 号経由で 2 時間 30 分。
問い合わせ：様似町役場 0146-36-2111

観察ポイント かんらん岩が大規模に見られるのは日本ではここだけ。かんらん岩は黄緑色をしたかんらん石でできている岩石で、幌満岩体でもきれいな黄緑色～緑色をしている。まずは、様似町の役場前のかんらん岩広場で、きれいに磨かれたかんらん岩を見てから、ジオパークのコースを巡るとよい。

奥に見えるのが主にかんらん岩でできたアポイ岳。手前の台地は、白亜紀の地層や付加体が、波浪で削られたあと隆起してできた海岸段丘（2009.7.11）

かんらん岩 中に含まれるかんらん石は、宝石のペリドットのこと。

幌満川の露頭 かんらん岩が随所に見られる。

かんらん岩の研磨面 ほとんどがかんらん石。

かんらん岩の採石場 貴重な資源。高密度を利用した港のコンクリートの骨材など、多用途。

新冠泥《にいかっぷでい》火《か》山《ざん》

泥火山　泥　現世　道天然記念物

地面から泥が噴出してできた新冠泥《にいかっぷでい》火《か》山《ざん》は、直径約 100m ～ 250m、周りの地面からの高さが数 m ～ 20m ある。大きな地震があるごとに新たな泥が噴出しているが、この泥火山はマグマの活動によるものではない。この泥火山の地下の地質は、油田で石油や天然ガスがたまる場所と同じで、地層にたまったガスの圧力で、地震の度ごとに泥水が噴出していると考えられる。日本以外でも世界各地の油田地帯に同様の泥火山がある。

場所：北海道新冠町南部の牧場地域（私有地につき要許可）。

アクセス：◆ JR 新冠駅→徒歩 15 分。◆車：日高自動車道・日高富川 IC から国道 235 号経由で 45 分。

問い合わせ：新冠町役場 0146-47-2111

観察ポイント 泥水や泥の固まりが流れ出して乾いて固まっている様子が見られる。全８つのうち現存する４つの泥火山は、ほぼ一列に並んでいる。これは地下の背斜構造に沿っているためだといわれている。

お皿を伏せたような形の泥火山。牧場の中にある。（2009.7.5）

泥の中には、地下の地層をつくっている堆積岩《たいせきがん》も入っている。

泥は乾いてひび割れている。

泥火山から流出した泥　草の生えていない部分が 2008 年 9 月 11 日に十勝沖で起こった地震（M7.1、新冠町で震度 5 弱）の時に新たに噴出した泥と考えられている。

7 北海道

有珠山《うすざん》と昭和新山《しょうわしんざん》

火山

デイサイト溶岩

完新世〜現世

世界ジオパーク・特別天然記念物・地質百選

洞爺湖《とうやこ》の南側に位置する有珠山《うすざん》（標高 733m）は日本有数の活火山。これまで何度も噴火を繰り返してきたが、2000 年の噴火は記憶に新しい。西山麓にマグマが貫入し、国道が通行不能になるほど地盤が隆起したり、温泉街のすぐそばに新火口が開いたため、周辺住民が避難を余儀なくされた。だが、豊富に湧きだす温泉は火山のたまもので、多くの観光客を惹きつけている。

場所：北海道壮瞥町の洞爺湖畔に位置。

アクセス：◆ JR 伊達紋別駅→道南バスで「洞爺湖温泉」まで 36 分。さらに「昭和新山」まで 15 分（冬期運休）。◆車：道央自動車道・伊達 IC から道道 703 号経由で「昭和新山」まで 15 分。

問い合わせ：壮瞥町役場 0142-66-2121

昭和新山　特別天然記念物。有珠山の側火山で 1943 ～ 45 年の噴火でできた溶岩ドーム。頂上部の岩峰は地面を突き破って顔を出した溶岩の塊で、内部はまだ 100℃以上ある（2009.7.6）

観察ポイント 有珠山の活動で見られるのは粘り気の強いデイサイト溶岩で、多くの溶岩ドームや潜在溶岩ドームが発達する。昭和新山の上には、川原にあった丸い礫が持ち上げられ、そこがかつて平地だったことを物語っている。有珠山山頂部の大有珠・オガリ山、有珠新山なども、江戸時代から昭和にかけて次々とつくられた溶岩ドーム。

デイサイト溶岩
昭和新山をつくる。

天然レンガ
溶岩の熱で焼かれたもの。

パン皮状火山弾
1977 年噴火時のもの。

川原石　溶岩の隆起によって昭和新山山頂にもち上げられたもの。

（三松正夫記念館所蔵）

有珠新山　1977 ～ 78 年の噴火でできた潜在溶岩ドーム。

洞爺湖　約 11 万年前の巨大な噴火で出現したカルデラ湖。

8 青森県

恐山《おそれざん》の金《きん》鉱床《こうしょう》

火山・鉱床
温泉沈殿物
現世
地質百選

私たちの生活に欠かせない金属資源の多くは、マグマから分離した熱水によってつくられた鉱床から取り出される。恐山に湧き出す高温の温泉水の沈殿物には、少量ながら高濃度の金が含まれている。鉱山で採掘される鉱床の多くは遠い地質時代に形成されたものだが、恐山ではそのような鉱床が今まさにつくられている。金は水に溶けにくい元素で、金の移動や沈殿には硫黄などほかの元素が複雑に関与している。

場所：青森県むつ市の宇曽利山湖北岸に位置。
アクセス：◆JR 下北駅→下北交通バスで「恐山」まで 40 分。◆車：青森自動車道・青森東 IC から国道 4･279 号経由で 2 時間 40 分。
問い合わせ：むつ市役所 0175-22-1111

観察ポイント 地表に湧き出した熱水の温度が下がると、溶けていた様々な成分が鉱物として析出するため、熱水の湧き出す場所には、多種類の鉱物が沈殿している。また、周りの岩石が白く変色しているのは、逆に熱水によって岩石の成分が溶かし出されたからである。

地熱地帯では、地熱や火山ガスのため植物が育たず、荒涼とした風景が広がる。霊場としても有名な恐山には、幼子の霊をなぐさめるためのかざぐるまが無数にある（2010.10.27）

独特の茶色の岩石は、岩石が強い酸性の熱水や火山ガスと反応して変質してできたものだ。

地下の熱水が噴出する噴気孔。熱水には様々な元素が溶け込んでいる。

硫化水素を含む火山ガスは金属とよく反応する。硬貨もすぐに火山ガスによって腐食してしまう。

9 青森県

仏《ほとけ》ヶ《が》浦《うら》

浸食地形
凝灰岩
新第三紀中新世
国天然記念物・地質百選

強い波浪が岩を削った、高さ 20 ～ 30m にも及ぶ柱状の地形。約 2000 万年前にユーラシア大陸の東端が割れて日本海ができた際に、その割れ目の周辺では火山の噴火が激しく起こった。仏《ほとけ》ヶ《が》浦《うら》はその時の火山灰が固まった凝灰岩《ぎょうかいがん》でできている。凝灰岩は軟らかく削られやすい岩石で、波・風が削って角錐状《かくすいじょう》、円《えん》錐状《すいじょう》の柱が林立する景観ができた。足もとは波が同じ凝灰岩を平に削った、波食棚《はしょくだな》という地形。

場所：青森県佐井村の西海岸に位置。アクセス：◆ JR 下北駅→下北交通バスで「佐井」まで 2 時間 15 分。佐井港から「仏ヶ浦」まで遊覧船 (冬期運休) で 30 分。◆車：青森自動車道・青森東 IC から国道 4･279･338 号、道道 253 号経由で 3 時間 45 分。P から徒歩 15 分。問い合わせ：佐井村役場 0175-38-2111

観察ポイント 凝灰岩の中には、数 cm ～十数 cm の軽石がたくさん入っている。波食棚の上の丸くて深い穴は、波食棚の上のくぼみの中に入った石が、波の力で動いて少しずつ穴を深く広くしてできた、甌穴《おうけつ》である。

甌穴 甌穴を掘った石が中に残っていることもある。

溝状に凝灰岩層が削られている。凝灰岩の固さの微妙な違いなどで凹凸ができると、雨水はへこんだところに集まるので、へこみはさらに削られて溝状になる。

アイヌ語のホトケウタ（仏のいる浜）がその名の由来（2008.6.9）

如来の首 下の方ほど波がよくあたるので細くなる。

⑩ 青森県

十二湖《じゅうにこ》・日本キャニオン

崩壊地形

凝灰岩

新第三紀中新世

白神《しらかみ》山地の西麓にある地すべり地形。十二湖・日本キャニオン周辺は、約 1000 万年前頃に噴出した凝灰岩《ぎょうかいがん》からできている。この凝灰岩層は地すべりを起こしやすく、1704 年の羽後《うご》・津《つ》軽《がる》地震で大規模に崩壊した。十二湖とは、地すべりによって谷がせきとめられたり、窪地ができたりして出現した 30 数個の湖沼群。日本キャニオンは、崩れやすい白っぽい凝灰岩が崩壊し、さらに雨風で浸食されてできた谷である。

場所：青森県深浦町の南部、白神山地西端に位置。

アクセス：◆ JR 十二湖駅→弘南バスで「奥十二湖」まで 15 分（冬期運休）。◆車：秋田自動車道・能代南 IC から国道 101 号経由で 1 時間 30 分。P から日本キャニオン展望台まで徒歩 15 分。

問い合わせ：深浦町役場 0173-74-2111

日本キャニオンは白っぽい凝灰岩が崩壊してできた崖（2010.10.28）

観察ポイント 湖が多数点在する地形、小山がたくさんある地形は、火山体の崩壊や地すべりなど、山が崩れる現象に伴ってできたものが多い。現地に行く前に、Google Earth などで全体の地形を眺めてから行くと、崩壊のイメージがつかみやすい。

日本キャニオンの崖をつくる凝灰岩。火山岩の礫《れき》を含んでいる。

崩壊跡がさらに雨水の浸食を受けてたくさんの溝が刻まれ、柱状に見える。

越口《こしぐち》の池　十二湖のひとつで、ビジターセンターの近くにある。

11 岩手県

陸《りく》中《ちゅう》海《かい》岸《がん》北《ほく》部《ぶ》

浸食地形

付加体・火山岩・堆積岩

前期白亜紀

県天然記念物

北山崎、鵜ノ巣《うのす》断崖などの風光明媚な海食崖は数十万年前以降の隆起と海岸浸食でできたもの。北山崎は 1 億 2000 万〜 1 億 1000 万年前の変質した火山岩で荒々しく、鵜ノ巣断崖は 1 億 6000 万〜 1 億 4000 万年前の付加体の岩石で平たんな感じ。どちらの地層も一部は北山崎の火山岩の噴出直後に上昇してき

朝日に染まる北山崎　朝焼けの際が特に美しい。デイサイト〜流紋岩の溶岩・火砕岩が変質して浸食されやすいため、荒々しい感じの海食崖になっている（2010.10.29）

た花崗岩《かこうがん》類のマグマの熱で焼かれている。田老《たろう》湾の三王岩《さんのういわ》は、約1億1000万年前に浅い海でたまった礫《れき》岩・砂岩が直前に貫入した花崗岩類を覆ったもので、激しい地質現象が読み取れる。

観察ポイント 荒々しい北山崎、平たんな鵜ノ巣断崖という印象は、北山崎の方が変質した火山岩類でもろいことによっている。地質の違いを見てほしい。三王岩の地層をよく観察すると、この地層が不整合で覆う花崗岩類のほか、北山崎をつくる火山岩、鵜の巣断崖をつくる付加体の岩石が入っているのがわかる。

北山崎の断崖 波の浸食によって削られてできた海食洞も見られる。断崖の下まで階段で下りられる。

鵜ノ巣断崖 1億6000万～1億4000万年前の付加体の泥岩・砂岩からなり、平たんな感じの崖をつくる。海沿いに歩道があり、岩をくりぬいたトンネルもある。

津波の標識（田老町） 津波の到達位置を示す。上が15mの明治三陸津波（1896年）、下が10mの昭和三陸津波（1933年）。2011年3月の津波は田老港の巨大な防潮堤を越え、これらを上回った。

三王岩　中央が男岩（高さ 50 m）、左奥が女岩（高さ 23 m）、右が太鼓岩（高さ 17 m）。男岩、女岩の下部は礫《れき》岩で、上部が白色の礫を含む層状の粗い砂岩。太鼓岩だけ層状の向きが異なっているのは、浸食によって岩上部にあった砂岩部分だけが転がり落ちたもの。いずれ浸食により倒れ、なくなっていく運命。

男岩、女岩の下部は礫岩からなる。

男岩、女岩上部の礫を含む粗い砂岩。花崗岩起源の粒子が多いために白い。

［北山崎・鵜の巣断崖］場所：岩手県田野畑村　アクセス：◆三陸鉄道北リアス線(運休中)：田野畑駅から田野畑村民バスないし観光乗合タクシー、◆車：北山崎は陸中海岸シーサイドライン(県道 44 号線)、鵜の巣断崖は国道 45 線鵜の巣断崖 IC 利用　問い合わせ：田野畑村役場、0194-34-2111

［三王岩］場所：岩手県宮古市田老　アクセス：◆ JR 宮古駅ないし三陸鉄道北リアス線田老駅より岩手県北バス田老港　◆車：国道 45 号線田老駅前より 5 分　問い合わせ：宮古観光協会 0193-62-3534

【注意】東日本大震災によって交通事情が異なっている場合がある。

⑫ 岩手県・宮城県

陸《りく》中《ちゅう》海《かい》岸《がん》南《なん》部《ぶ》

浸食地形

堆積岩

ペルム紀〜白亜紀

国天然記念物・地質百選

陸中海岸南部は、沈降してできたリアス式海岸。地層も北部と異なり 4 億 4000 万〜 1 億 2000 万年前の大陸棚でたまった堆積岩。碁石海岸《ごいしかいがん》は約 1 億 2000 万年前の砂岩泥岩互層が浸食されてできた風光明媚な海岸。地層の面とそれとは異なる向きのスレート劈開《へきかい》がある。唐桑《からくわ》半島東海岸や大理石海岸は、2 億 7000 万〜 2 億 6000 万年前の石灰岩が波の浸食を受けてできたもの。ウミユリなどの化石を産する。

[唐桑半島] 場所：宮城県気仙沼市　アクセス：◆ JR 鹿折唐桑《ししおりからくわ》駅よりバス、大理石海岸は大沢方面小原木下車、巨釜・半造は御崎方面巨釜半造入口下車。◆車：大理石海岸は国道 45 号線沿い、巨釜・半造は国道 45 号線気仙沼市唐桑町境→県道 239 →県道 26 号線　問い合わせ：気仙沼市役所 0226-22-6600

[碁石海岸] 場所：岩手県大船渡市　アクセス：◆ JR 細浦駅下車、岩手県交通バス「碁石海岸」行き終点下車。穴通磯はそこから徒歩 30 分。◆車：大船渡三陸道路大船渡碁石海岸 IC より 15 分　問い合わせ：大船渡市立博物館 0192-29-2161

【注意】東日本大震災によって交通事情が異なっている場合がある。

観察ポイント 碁石海岸では大船渡市立博物館を中心に海岸沿いに遊歩道が整備されている。穴通磯《あなとおしいそ》などの浸食地形や、地層・スレート劈開、また碁石の名前の元になった海辺の円礫を見てほしい。巨釜《おがま》・半造《はんぞう》は、石灰岩が波の力や溶解による浸食で、独特の地形になった。岩石を見るなら、大理石海岸（岩井沢《いわいさわ》漁港）がおすすめ。

穴通磯　国の天然記念物。碁石海岸の最も有名な観光スポット。小舟なら穴を通ることができる（2010.11.2）

折石《おれいし》　巨釜の一番の観光スポット。高さ16mとされ、明治29年の三陸大津波の際に、先端が折れてこの名がついたといわれる。津波で折れる前は、「天柱岩」と呼ばれていた。

半造　波が岩の隙間に勢いよく入り込むと潮が吹き上がる。

大理石海岸の石灰岩。層理面《そうりめん》がはっきりしている。

大理石海岸　岩井沢漁港の南側の岬には、建材用に石灰岩を切り出していた跡が残る。

⑬ 岩手県

夏《げ》油《とう》温《おん》泉《せん》の石《せっ》灰《かい》華《か》

温泉　温泉沈殿物　現世　特別天然記念物

温泉水が地表に噴出して温度が低下すると、溶けていた様々な成分が沈殿する。温泉に見られる“湯の花”といわれるものはこうした温泉水から析出《せきしゅつ》した様々な種類の鉱物の微粒子。夏《げ》油《とう》温泉の石灰華《せっかいか》は、温泉水に溶けていた炭酸カルシウム成分が、アラレ石などの鉱物として析出・沈殿したもので、温泉の湧き出し口の周辺に長い時間をかけて沈殿した結果、このような高まりがつくられた。

場所：岩手県北上市の南西部、夏油川上流に位置。
アクセス：◆JR北上駅→岩手県交通バスで「夏油温泉」まで1時間（冬期運休）。◆車：東北自動車道・北上金ヶ崎ICから県道159・122号経由で45分。
問い合わせ：北上市役所 0197-64-2111

観察ポイント 天狗の岩と呼ばれるもっとも大きな石灰華のほかにも、近辺の温泉の湧き出し口の周囲にも石灰華が小規模に沈殿している様子が観察できる。

天《てん》狗《ぐ》の岩　最も大きな石灰華。頂上からは温泉が湧出し、いまも石灰華の沈殿が続いている（2010.10.30）

天狗の岩　夏油川右岸にある、高さ 18m、下底部の径 25m、頂上部の径 7m の巨大な石灰華。

石灰華は流れ落ちる温泉水から沈殿するため筋状の構造がつくられる。

石灰華ドームの内部　温泉水のしずくから沈殿した石灰華。いまも成長を続けている。

14 秋田県

目《め》潟《がた》火《か》山《ざん》群《ぐん》のマール

火山 / 火山岩 / 第四紀 / 日本ジオパーク・国天然記念物・地質百選

目《め》潟《がた》火《か》山《ざん》群《ぐん》は、マグマと地下水が接触して激しい水蒸気爆発を起こしてできたマールと呼ばれる丸い穴が特徴である。一《いち》ノ《の》目《め》潟《がた》は6～8万年前、二ノ目潟は40～20万年前、三ノ目潟は2万4000～2万年前に噴火した。一ノ目潟の噴出物には、マグマが上昇する途中でマントルの最上部をつくるかんらん岩を取り込んでおり、マントルからマグマが一気に上昇してきたことを示している。

場所：秋田県男鹿市の男鹿半島北西部に位置。
アクセス：◆JR羽立駅→秋田中央交通バスで25分、「西水口中丁」下車、八望台まで徒歩40分。◆車：秋田自動車道・昭和男鹿半島ICから国道101号、広域農道なまはげライン、県道121号経由で1時間。
問い合わせ：男鹿市役所0185-23-2111

観察ポイント 一ノ目潟周辺には爆発により吹き飛ばされた岩石が堆積している。ほとんどは地表付近の岩石が吹き飛ばされたものだが、よく探すと地下数十 km から運ばれてきた地殻下部の深成岩やマントルのかんらん岩も見られる。湖岸へは一般立ち入り禁止なので、一ノ目潟近辺の眺望が楽しめる八望台《はちぼうだい》からの観察をおすすめする。

一ノ目潟 国の天然記念物。マグマ水蒸気爆発を起こした豊富な地下水は、水源として使われている。

二ノ目潟と戸《と》賀《が》湾《わん》 八望台付近から望む。二ノ目潟と戸賀湾の間の地下に、約 40 万年前の火口が隠れていると考えられている（2008.7.9）

一ノ目潟は、直径 600m、面積 0.26km^2、水深 44.6m。近くに二ノ目潟、三ノ目潟があるが、一ノ目潟が一番大きい。

⑮ 秋田県・山形県

鳥海山《ちょうかいさん》

火山・崩壊地形・隆起海岸

安山岩・玄武岩

第四紀

国天然記念物・地質百選

鳥海山《ちょうかいさん》（標高 2236m）は、約 50 万年前ごろから活動している、東北地方でも最大級の活火山。主に玄武岩《げんぶがん》～安山岩《あんざんがん》マグマを噴出してきた。約 2600 年前には山頂部が北に向かって大崩壊し、馬蹄形の崩壊地形をつくった。このときの崩壊堆積物の流れ山

が象潟《きさかた》に見られる小丘群をつくっている。その後も活動を続けており、山頂の新山は 1801 年の噴火でできた最も新しい溶岩ドーム。最新の噴火は 1974 年に起きている。

祓川《はらいがわ》登山口から望む春の鳥海山。手前は祓川ヒュッテ（2003.5.3）

観察ポイント ＜鳥海山＞成層火山の火山体は溶岩や火山角礫岩といった隙間の多い地層からできているので透水性が高い。そのため火山体に降った水は山の地下に浸透し、山麓部で豊富な湧水となる。

元滝《もとたき》　鳥海山の伏流水が湧出。象潟の貴重な水源のひとつ。

十六《じゅうろく》羅《ら》漢像《かんぞう》　海まで達した鳥海山の溶岩に刻まれた像。遊《ゆ》佐《ざ》町《まち》吹浦《ふくら》の海岸にある。

法体《ほったい》の滝　鳥海山から最も東まで流れ下った溶岩の安山岩で形成された滝。

観察ポイント ＜象潟《きさかた》＞約 2600 年前の鳥海山の大崩壊によって海に流れ込んだ岩屑《がんせつ》なだれの堆積物がつくった。多くの島が浮かぶ内海だったが、1804 年の象潟地震で約 2m 隆起して陸地化し、現在見られるような水田の中に丘が散在する風景となった。

松尾芭蕉も訪れた名勝地象潟は、その後地震によって隆起し、当時海だった部分は現在水田となっている。

象潟の水田の用水路などには、以前は海中であったことを示すカキなどの海にすむ貝殻を含む地層が見られる。

場所：秋田・山形県境の日本海沿岸にそびえる。
アクセス：◆ JR 吹浦駅→庄内交通バスで「鉾立」まで 45 分（11~6 月運休）。◆車：山形自動車道・酒田みなと IC から国道 7 号、鳥海ブルーライン経由で 1 時間 15 分。P から鉾立展望台まですぐ。
問い合わせ：にかほ市役所 0184-43-3200　遊佐町役場 0234-72-3311

現在の海面より高い場所に、波による浸食を受けた痕跡のある岩塊が残されている。

場所：秋田県にかほ市中西部の水田地帯に点在。
アクセス：◆ JR 象潟駅→徒歩 30 ～ 60 分。◆車：山形自動車道・酒田みなと IC から国道 7 号経由で 1 時間。
問い合わせ：にかほ市役所 0184-43-3200

16

山形県・宮城県

蔵《ざ》王《おう》火《か》山《ざん》

火山

安山岩

第四紀

地質百選

東北地方の脊梁《せきりょう》山脈には蔵王などの火山が南北に並んでいるが、これより東側には火山は見られない。こうした場所を火山フロントという。日本海溝から沈み込んだ太平洋プレートは火山フロントの下で深さ 120 ～ 130km に達していて、沈み込むプレートから水などの成分が放出され、周囲のマントルのかんらん岩が融解しマグマが発生する。東北地方の火山活動は、沈み込むプレートによってもたらされている。

場所：山形県上山市と宮城県蔵王町の県境に位置。
アクセス：◆ JR 白石蔵王駅→ミヤコーバスで「蔵王刈田山頂」まで 1 時間 20 分（冬期を除く土日祝日のみ）。◆車：東北自動車道・白石 IC から国道 457 号、蔵王エコーライン（県道 12 号）経由で 1 時間 10 分。
問い合わせ：蔵王町役場 0224-33-2211

蔵王山の御釜　酸性の湖水は岩石の成分が溶け込んで、独特の青色をしている。このため五色沼ともいわれる（2009.8.20）

観察ポイント 御釜《おかま》の周辺の高まりは、御釜火口から噴出した火山弾や火山灰などが積もってできた火砕丘《かさいきゅう》。御釜を取り囲む崖には、火砕丘をつくる地層が露出している。

御釜の火口の周りには、たび重なる噴火で噴出した火砕物がつくる地層が見られる。

御釜の周りの白っぽい堆積物は、地下で熱水による変質をうけた岩石や粘土からなる。

御釜周辺　御釜は、爆発でできた噴火口に水がたまった火口湖。周辺には強いマグマ水蒸気爆発によって吹き飛ばされた岩塊が多数散らばっている。

17 福島県

磐梯山《ばんだいさん》

火山

安山岩

第四紀

日本ジオパーク・地質百選

磐梯山《ばんだいさん》（標高 1819m）は、安山岩の溶岩や火山角礫岩《かくれきがん》が積み重なってできた成層火山。大規模な崩壊を繰り返した火山で、その山頂部には多くの崩壊の跡を見ることができる。ふもとの猪苗代湖《いなわしろこ》は、翁島岩屑《おきなじまがんせつ》なだれ堆積物でせきとめられたことによってできたもの。1888 年の噴火では小磐梯山を含む火山体の北側が崩壊し、北麓に広がった岩屑なだれは桧原湖《ひばらこ》、小野川湖、秋元湖や五色沼を含む大小 40 あまりのせきとめ湖を形成した。

場所：福島県磐梯町・猪苗代町・北塩原村にまたがる。

アクセス：◆ JR 猪苗代駅→磐梯東都バスで 30 分、「五色沼入口」下車、徒歩 10 分（五色沼）。◆車：磐越自動車道・猪苗代磐梯高原 IC から国道 115・459 号経由で 30 分。五色沼 P から徒歩 3 分。

問い合わせ：猪苗代町役場 0242-62-2111　北塩原村役場 0241-23-3111

観察ポイント 岩屑なだれ堆積物の表面には、高さ数 m の小さい丘状の起伏が見られる。これはバラバラになった山体の破片からできているもので、このような地形を流れ山地形と呼ぶ。これら崩壊地やせきとめ湖を見渡せるハイキングコースがある。

銅沼《あかぬま》　磐梯山中腹の沼。付近から湧き出す温泉水から沈殿した鉄分などにより、湖岸が赤褐色に染まっている。

せきとめ湖のひとつ毘沙門沼《びしゃもんぬま》から望む磐梯山。右のピークが山頂（1996.8.26）

1888 年の大崩壊でつくられた崖。磐梯山はこれまで幾度も大規模な崩壊を繰り返している。

山体が大規模に崩壊したため、噴火で噴出した溶岩と火山角礫岩が積み重なった構造がよく観察できる。

18 福島県

きのこ岩《いわ》

浸食地形

凝灰岩・凝灰質砂岩

新第三紀鮮新世

県天然記念物

約 400 万年前の凝灰岩《ぎょうかいがん》などが浸食を受けてできた地形。地層はほぼ水平で、それに垂直な節理が発達し、その節理に沿って雨風の浸食を受け棒状の形ができた。棒の上部と下部は地層の性質が少し違い、上の方が硬かったために削られにくく、きのこの傘のような形になった。きのこをつくっている地層は、猪苗代湖付近にあったカルデラから噴出した火《か》砕流《さいりゅう》でできた地層である。

場所：福島県郡山市の浄土松公園内に位置。

アクセス：◆ JR 郡山駅→福島交通バスで 40 分、「多田野前」下車、徒歩 15 分。◆車：東北自動車道・郡山南 IC から県道 47 号、郡山西部広域農道、県道 6 号経由で 15 分。P から徒歩 10 分。

問い合わせ：郡山市役所 024-924-2491

「陸の松島」ともいわれる浄《じょう》土《ど》松《まつ》公園の案内板に沿って 10 分ほど歩くと突然現れる景観。2011 年の地震で一部崩壊した（2008.8.9）

観察ポイント 太めの柱に割れ目が入っていて、そこから柱が２つに分かれ始めているのを見ると、きのこ岩がどのようにしてできたかが想像できる。遠くから見ると、きのこの傘の下の縁は水平からやや傾いた平面に並んでいて、元々それが１枚の地層の底面であることがわかる。

傘の部分と柄の部分がそれぞれ別の地層でできていて、硬さが異なる。

きのこ岩の柄をつくる火山礫凝灰岩《かざんれきぎょうかいがん》。

様々な形をしたきのこ岩。高さ 10m にも及ぶものもある。

19 福島県

塔のへつり

火山
凝灰岩
第四紀
国天然記念物

南会津周辺では、850 万～ 100 万年前ごろの火山活動でいくつものカルデラが形成された。塔のへつり付近に分布する凝灰岩は、130 万～ 120 万年前ごろにできた " 塔のへつりカルデラ " から噴出した大規模な火砕流堆積物《かさいりゅうたいせきぶつ》。これらのカルデラはその後の地殻変動や火山活動によって破壊され、地形的にわかりにくくなっているが、膨大な火砕流堆積物はそこに巨大火山があったことを物語っている。

場所：福島県下郷町のほぼ中央に位置。
アクセス：◆会津鉄道・塔のへつり駅→徒歩 5 分。◆車：東北自動車道・白河 IC から国道 289･121 号経由で 1 時間 10 分。P から徒歩 2 分。
問い合わせ：下郷町役場 0241-69-1122

「へつり」とは会津の方言で「川に迫った険しい断崖」のこと（2009.5.21）

観察ポイント 凝灰岩《ぎょうかいがん》は軟らかいので、川の流れによって容易に浸食され、塔のへつりに見られるような高い谷壁と平たんな谷底をもつ、独特の浸食地形が形成される。

火山礫凝灰岩
噴火で砕かれた様々な種類の岩片や軽石からできている。

凝灰岩の層理
凝灰岩は直径2mm 以下の火山灰が固まった岩石。

級化構造 火山噴出物が水中で堆積するときにできたもの。大きな粒子ほど早く沈降するので、層の下の方ほど粒が大きい。

水平に浸食された部分は、かつて川の流れによって削り取られたもので、人が通れるほどの高さがある。

20 茨城県

袋《ふくろ》田《だ》の滝《たき》

滝

火砕岩

新第三紀中新世

日本ジオパーク

約1500万年前の海底火山がつくった落差120mの滝。袋田《ふくろだ》の滝が流れ落ちている斜面の岩は、海底でマグマが噴出してできた凝灰角礫岩《ぎょうかいかくれきがん》。周りにある砂岩《さがん》、泥岩《でいがん》など堆積岩《たいせきがん》でできた地層より硬く削られにくかったために、削り残されて段差ができ、袋田の滝ができた。同じ海底火山の岩石は袋田の滝の南にある奥久慈男体山《おくくじなんたいさん》へと帯状に続いている。近年、新観瀑台《かんばくだい》が完成し、滝の全容が見やすくなった。

場所：茨城県大子町東部の月居山北麓に位置。

アクセス：◆JR袋田駅→茨城交通バス(1日4便)で10分、「滝本」下車、徒歩15分。◆車：常磐自動車道・那珂ICから国道118号経由で1時間10分。Pから徒歩15分。

問い合わせ：大子町役場 02957-2-1111

新観瀑台から望む袋田の滝と中段に残された巨岩。その後巨岩は落下して見られなくなってしまった（2009.8.3）

観察ポイント 滝をつくっている岩をよく見ると、たくさんの角張った岩の集まりでできている。これは、海底で噴火したマグマが、海水で急激に冷やされて細かく割れてこのような岩ができたもので、ガラスのコップに熱湯を入れると割れるのと同様の原理。

滝を下流側から望む。正面に見えるのは、滝の右岸にそびえる切り立った絶壁。

滝の岩石　角張った石が集まってできている。

滝の下流の渓流　滝周辺から崩壊して落ちてきた大きな岩が転がっている。

21 茨城県

出《で》島《じま》のカキ礁

化石
砂・泥
第四紀
県天然記念物

カキが密集して生息していた場所がそのまま化石になったもの。地球は約 100 万年前から、約 10 万年周期で、現在のように暖かい間氷期と、氷河が大陸をおおう氷期を繰り返している。約 12 万 5 千年前は間氷期で現在よりも海水面が高く、関東平野の上には古東京湾と呼ばれる海が広がっていた。霞ヶ浦周辺の台地では当時の海にたまった地層が見られる。ここでは当時湾内にすんでいたマガキの化石が密集した地層が観察できる。

場所：茨城県かすみがうら市の霞ヶ浦北岸（崎浜）に位置。
アクセス：◆JR 土浦駅→タクシーで 15 分（路線バス運行なし）。◆常磐自動車道・土浦北 IC から国道 354 号、県道 118 号経由で 20 分。
問い合わせ：かすみがうら市役所 0298-97-1111

カキ礁は高さ約 5m、幅約 70m にわたって道路際に露出。十数基の横穴式古墳が見つかっている（2009.3.28）

観察ポイント 軟らかい海底では、カキが埋もれてしまう恐れがある。そうならないようにカキの殻は比重が軽くなっている。さらに、死んだカキ殻の上に次の世代が固着することによって、海底に埋もれずに世代を重ねていくことができる。これを「カキのリレー戦略」と呼ぶ。このようにしてカキの殻が重なるカキ礁ができあがった。

ひとつのカキ殻の上に次の世代のカキ殻がいくつも重なっているところが見える。

カキ礁の古墳　県の天然記念物。1200 ～ 1300 年前の古墳時代につくられた。

カキ礁のように化石をたくさん含む地層は、炭酸カルシウムが化石から溶け出して地層を固めるので、崖が崩れにくい。

22 栃木県

塩《しお》原《ばら》木《こ》の葉《は》化《か》石《せき》

化石　泥岩　第四紀　地質百選

今から数十万年前、現在の塩原温泉街付近は湖（古塩原湖）であった。この湖にたまった地層の中から、およそ200種類の植物のほか、昆虫、魚、カエルといった多数の化石が見つかっている。葉の葉脈の細部や動物の体毛などが残されていて、化石の保存状態は良好である。本地域から産出する化石は、「木の葉化石園」に多数展示されている。なお、地元では「木の葉石」の名で親しまれている。

場所：栃木県那須塩原市の塩原温泉郷、木の葉化石園内に位置。
アクセス：◆JR西那須野駅→JRバスで45分、「塩原温泉バスターミナル」で周遊バスに乗り換え「木の葉化石園入口」下車、徒歩3分。◆車：東北自動車道・西那須野ICから国道400号経由で20分。Pからすぐ。
問い合わせ：木の葉化石園 0287-32-2052

観察ポイント ここから出る植物化石は、現在の関東地方の山地の植物とよく似ている。ブナ林の植物に加えもう少し暖かい所の植物もある。したがって、この化石を含む地層ができた時代は、氷期ではなく、現在とほぼ同じ気候の間氷期であったと考えられる。

木の葉化石の条件 地層がたまったときの水底に酸素が少なく木の葉を分解する生物活動が不活発で、しかも上からどんどん砂や泥が積もって急速に埋まってしまうと化石として残りやすい。

塩原の湖成層 水底に酸素が少なかったために生き物の活動が少なく、元々の層が乱されずにそのまま残っている（2009.4.23）

メグスリノキの化石。

イヌブナの化石。

クリの化石。

クモの化石。

23 栃木県

華《け》厳《ごん》の滝《たき》

滝　安山岩　第四紀　地質百選

華厳の滝が、流れ落ちる水の浸食作用により次第に後退していることは、あまり知られていない。滝壺付近の岩石が落下する流水や湧水によって浸食されてえぐられると、その上の岩石が不安定になり崩壊することで滝は後退する。1986 年には滝の落ち口付近が大規模に崩壊し、その結果滝は約 6 m後退した。滝より下流の大谷川《だいやがわ》の深い渓谷は、華厳の滝の後退によってつくられた浸食谷だ。

場所：栃木県日光市の中禅寺湖東端に位置。
アクセス：◆ JR 日光駅→東武バスで 50 分、「中善寺温泉」下車、徒歩 5 分。◆車：日光宇都宮道路・清滝 IC から国道 120 号 (いろは坂) 経由で 30 分。P から徒歩 1 分。
問い合わせ：日光市役所 0288-22-1111

観察ポイント 華厳の滝の下流にも、かつての滝壺と考えられる淵が並んでいる。また、華厳の滝の中段から湧き出している湧水（十二滝）による浸食も、滝の後退に大きな役割を果たしている。昇降行程 100m のエレベーターで、滝壺近くに降りたところに観瀑台《かんばくだい》があり、滝の全貌が眺められる。

落差 97m を落下する華厳の滝は、男体山の溶岩流や火砕流堆積物がつくる崖にかかる（2009.9.14）

華厳の滝のかかる岩石は安山岩の溶岩。縦方向に冷却時の収縮による割れ目が発達しているため高い垂直な崖がつくられた。

明智平展望台から滝を望む。右側の男体山《なんたいさん》（標高 2486m）から流れ出した溶岩が大谷川の渓流をせき止め、中禅寺湖（写真奥）がつくられた。

24 栃木県

大谷石《おおやいし》

石材
流紋岩
新第三紀中新世
地質百選

大谷石《おおやいし》は宇都宮市西部の大谷地域周辺の地表から地下に広く分布する軽石凝灰岩《ぎょうかいがん》で、約1500万年前に噴出した流紋岩《りゅうもんがん》、デイサイト質の火山灰、火山礫《かざんれき》と同時に噴出した軽石が水中でたまったものである。軟らかく多孔質のため、軽く耐火性に優れており、住宅・蔵・防火壁・石塀等に広く使われている。大谷地域では露天掘りの跡が数多く分布し、また地下採掘場跡も無数にあるため、地表の陥没事故も起きている。

場所：栃木県宇都宮市西部の大谷観音一帯。
アクセス：◆JR宇都宮駅→関東自動車バスで23分、「大谷資料館前」下車、徒歩1分。◆車：東北自動車道・鹿沼ICから県道6･3･70経由で20分。Pから徒歩1分。
問い合わせ：宇都宮市役所028-632-2222

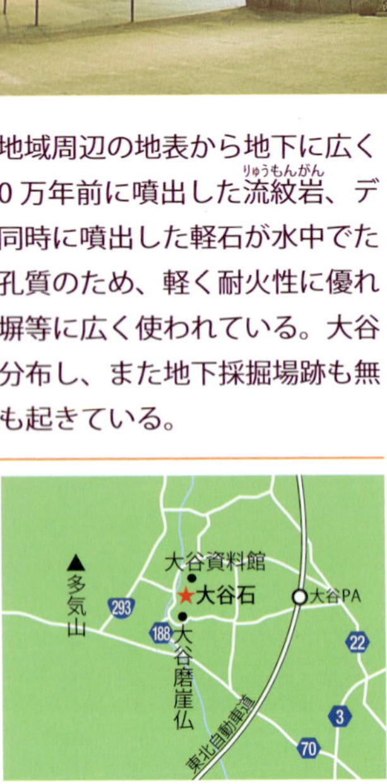

観察ポイント 大谷石は、火山噴出物が水中でたまったもののため、露天掘り跡や大谷資料館の地下空間では、地層のたまった時の水平面（層理面）や模様（堆積構造）が分かりやすい。特に「みそ」と呼ばれる褐色の岩石片は層理面を示すので注目したい。大谷地域では層理面は東に 20 度前後傾いていることがわかる。また、大谷資料館の地下空間の壁面には、昭和 35 年ごろまで行われていた手堀りのノミの跡やカッターの跡が観察でき、掘られた時代を物語っている。近くに大谷観音、大谷公園といった観光名所もある。

採掘所跡　大谷資料館の地下に広がる巨大空間。そのスケールに圧倒される（2009.3.30）

大谷石の露天掘跡　上から順番に切り取ってきた細かい跡が水平についている。

大谷石の表面
暗色部分が「みそ」と呼ばれる変質した軽石。

大谷資料館付近に広がる大谷石の奇岩群。「みそ」の列が右上から左下に向かってついている。これがもともとの地層がたまったときの水平面 (層理面) を表している。

25 群馬県

吹割《ふきわれ》の滝《たき》

滝

凝灰岩

新第三紀中新世

国天然記念物

高さ 7m、幅 30m の吹割《ふきわれ》の滝は、約 700 万年前の凝灰岩《ぎょうかいがん》の割れ目に沿ってできたもの。大量の水が狭い割れ目に注ぎ込むために強い浸食作用が働き、滝をつくる岩石は常に削られている。この滝はおよそ 1 万年前頃に、現在の位置から約 700m 下流の栗原川と片品川《かたしながわ》の合流点に形成され、年間数 cm ずつ上流に移動してきたと考えられている。滝よりも下流側は、後退してきた滝が削った狭い谷が続く。

場所：群馬県沼田市の片品川上流に位置。

アクセス：◆ JR 沼田駅→関越交通バスで 50 分、「吹割の滝」下車、徒歩 10 分。◆車：関越自動車道・沼田ICから国道120号経由で40分、P から徒歩 5 分。

問い合わせ：沼田市役所 0278-23-2111

滝では流れ落ちる水によって浸食作用が進行している（2010.11.8）

観察ポイント 巨大な溝に渓流が吸い込まれていくさまは、間近で見るとダイナミック。観瀑台《かんばくだい》からの眺めもおすすめ。滝より下流の渓谷の底にいくつも見られる淵《ふち》は、後退していった滝が残した古い滝壺。

滝のすぐ下流は川幅が狭まり、両岸には高さ30mを超える断崖が連なる。

吹割渓谷の鱒飛《ますとび》の滝付近にある直径 5m を超える淵も古い滝壺。

岩石の割れ目に沿って浸食が進んだ結果、細長い溝のような地形がつくられた。

26

群馬県

常布《じょうふ》の滝《たき》

滝

安山岩・溶結凝灰岩

第四紀

常布《じょうふ》の滝は、湯釜《ゆがま》火口付近から噴出し大沢川の谷に沿って流下した落差約 40m の滝。滝の下部をつくる太子《おおし》溶結凝灰岩《ようけつぎょうかいがん》は滝の落ち口をつくる香草《かぐさ》溶岩よりも浸食に弱いため、落下する流水や湧水によってえぐり取られる。すると、その上の岩石が不安定になり崩壊を繰り返し、次第に滝は後退する。大沢川の浸食により、滝は形成時から数百 m ほど上流に移動している。

場所：群馬県草津町北部の大沢川上流に位置。
アクセス：◆JR長野原草津口駅→JRバス（草津線）で 25 分、「草津温泉」下車後、白根火山方面行きに乗り換え「天狗山スキー場」下車、1 時間 30 分徒歩。◆車：関越自動車道・渋川伊香保 IC から国道 353・145・292 号経由で 1 時間 45 分。P から 1 時間 30 分。
問い合わせ：草津温泉観光協会 0279-88-0800
【注意】立入禁止になっているが、「常布の滝展望所」まではアクセスできる。

観察ポイント 標高 1540 mにある常布の滝を見るためのハイキングコースは、上級者向けで、なおかつ落石の危険から閉鎖されることもあるため、事前に確認が必要。常布の滝展望所からは残念ながら滝壺までは見えないが、滝の上部が観賞できる。紅葉のシーズンがおすすめ。なお、滝よりも下流には、崩壊した香草溶岩のブロックが点在しているので、滝をつくる岩石の一部を間近で見られる。

常布の滝は、岩盤の硬さの違いによってつくられた（2001.7.12）

滝壺　落下する水によって深く浸食されている。

滝の右岸断崖
風化浸食による大きな穴が口を開けている。

断崖からは、温泉水がしみ出すため、藻類やバクテリアあるいは鉄分によって、黄色、緑色、褐色に染まる。

27 群馬県

草《くさ》津《つ》白《しら》根《ね》山《さん》の湯《ゆ》釜《がま》

火山

安山岩・火山ガス

第四紀

湯《ゆ》釜《がま》は草津白根山（標高 2160m）の火口湖。直径 300m、水深は 30m ある。草津白根山の火山活動は継続しており、火口湖の底から湧き出す酸性の火山ガスが湖水に溶け込んで、pH は 1 以下。国内でも最も酸性度の高い火口湖のひとつ。また湖底には火山ガスから沈殿した硫黄が溶融状態で溜まっていることが知られている。山麓の草津温泉は、火山ガスが地下水に溶け込んでつくられた酸性の温泉のひとつ。

場所：群馬県草津町北部に位置。
アクセス：◆ JR 長野原草津口駅→ JR バス（草津線）で 1 時間、「白根火山」下車、徒歩 20 分。◆車：関越自動車道・渋川伊香保 IC から国道 353・145・292 号経由で 2 時間 15 分。P から徒歩 20 分。
問い合わせ：草津温泉観光協会 0279-88-0800

観察ポイント 火山ガスの噴出している地帯では、白っぽい色のぼろぼろした岩石が見られる。これは酸性の火山ガスによって元々の岩石の成分が変質してできたもの。火山ガスに含まれる硫化水素は有毒なので、十分注意して観察しよう。

噴気帯　火山ガスを含む熱水が地表に噴出している。白根山の中腹で見られる。

湯釜の周りにみられる白っぽい堆積物は、火山ガスや熱水によって岩石が変質してつくられた粘土。

湯釜　強酸性の湖水をたたえる。火口底からは火山ガスが噴出している（2010.11.8）

渋峠《しぶとうげ》から望む草津白根山　湯釜の周辺は、火山ガスの噴出や熱水変質帯があるため植生が発達できず、荒涼とした荒地となっている。

28 群馬県

浅《あさ》間《ま》山《やま》

火山
安山岩
第四紀
地質百選

浅間山（標高 2568m）は、日本でも有数の活発な火山で、主に安山岩マグマを噴出する成層火山。山麓に見られる多数の軽石層は、過去何度も爆発的な活動を繰り返したことを示している。1783 年の天明噴火の時には、大量の軽石を噴きあげるプリニー式噴火が発生し、また同時に火砕流や溶岩流が北山腹を

流れ下った。1940 ～ 50 年代には活発な爆発を繰り返し、現在でも山頂火口から火山ガスを噴出している。浅間山では火山噴火の監視や爆発の予知に向けて様々な火山活動の観測が行われている。

浅間山山頂部は、平安時代や江戸時代の大噴火によってその形がつくられた。活発な火山活動が続くため、山頂周辺には植物が進入できず、裸地となっている（2010.10.14）

観察ポイント 山頂火口から数 km の範囲では、爆発によって飛び散った多くの火山弾が着地していて、衝撃で衝突クレーターがつくられているところもある。着地後も高温の内部がゆっくりと膨張して、表面に割れ目の入ったパン皮状火山弾も見られる。

前掛山《まえかけやま》　標高 2524m。黒斑山《くろふやま》（標高 2404m）から望む。その奥に湯気を上げる火口が見える。

鬼押出溶岩《おにおしだしようがん》　1783 年噴火で流れ出した安山岩のブロック溶岩。

溶岩樹型《ようがんじゅけい》　吾妻火砕流による樹型。火砕流堆積物の樹型は珍しい。

鎌原《かんばら》観音堂　1783 年噴火の鎌原泥流により石段の 2/3 が埋まったといわれる。

黒斑山の断崖　約２万年前に起こった大崩壊の痕跡。

山頂の釜山《かまやま》火口で繰り返された爆発によって、山肌は火山弾で埋め尽くされている。

山麓に見られる浅間山の降下軽石層。たび重なる大噴火の記録。

場所：群馬県嬬恋村南部の長野県境にそびえる。
アクセス：◆ JR 軽井沢駅→西武高原バスで 35 分、「鬼押出し園」下車。◆車：碓氷軽井沢 IC から県道 43 号、国道 18・146 号、鬼押ハイウェイ経由で「鬼押出し園」まで 40 分。
問い合わせ：嬬恋村役場 0279-96-0511

29 群馬県

瀬《せ》林《ばやし》の漣《れん》痕《こん》と恐竜《きょうりゅう》の足《あし》跡《あと》

化石

砂岩

白亜紀

県天然記念物・地質百選

この漣痕《れんこん》のある地層は、約 1 億 2000 万年前の三角州の堆積物と考えられている。発見された当初この露頭の表面の穴の列が何かはっきりしていなかったが、同時代の地層から非海棲二枚貝、巻貝、植物のほか、鳥脚類《ちょうきゃくるい》の化石が産出することから、1985 年に恐竜の足跡であると判断された。漣痕は漣《さざなみ》岩とも呼ばれ、砂層の表面に流水や波浪などの作用で、凹凸の波模様ができたものである。

場所：群馬県神流町南部の埼玉県境付近に位置。

アクセス：◆ JR 新町駅 (高崎線) → 日本中央バスで 1 時間 40 分、「古鉄橋」下車、徒歩 45 分。◆車：関越自動車道・本庄児玉 IC から国道 462・299 号経由で 1 時間 30 分。P からすぐ。

問い合わせ：神《かん》流《な》町役場 0274-57-2111

観察ポイント この露頭は水平だった地層が地殻変動を繰り返し、70度くらいの急傾斜になったもの。露頭の中上部に横方向に大きな穴、中央右に縦方向に細かな窪みが数多くある。中上部の大きな穴は大型の二足歩行恐竜の足跡、右下にあるのは複数の小さな二足歩行の恐竜が歩いた跡だと考えられている。露頭全体に左上から右下に並ぶ手のひらほどのしわは、漣痕と呼ばれる波や水の流れの跡。

瀬林の漣痕露頭の全景 上部横方向に大きな足跡。中央右に縦方向の細かな足跡が見える（2010.10.15）

縦方向の細かな足跡と漣痕、鮮明な跡ではないので詳細はわかっていない。

露頭上部の大きな足跡。

漣痕 水の流れは左下⟷右上だが、流れの向きは不明。

30 埼玉県

秩《ちち》父《ぶ》・長《なが》瀞《とろ》

岩石

結晶片岩

白亜紀

日本ジオパーク・国天然記念物・地質百選

日本の地質学発祥の地の石碑がある埼玉県の長瀞《ながとろ》町周辺には、約 8000 万年前の結晶片岩《けっしょうへんがん》類が分布し、荒川の河床では美しい露頭を見ることができる。これらは、付加体の岩石に地下深くの高い圧力がかかることで鉱物が再結晶し、かつ変形も受けた岩石で、元の岩石の種類の違いによって様々な色、模様を見せている。昔は長瀞変成岩と呼ばれていたが、藤岡市の神流川《かんながわ》支流の川名を取って三波川《さんばがわ》変成岩と呼称が変わった。

場所：埼玉県長瀞町南部の荒川沿いに位置。
アクセス：◆秩父鉄道・長瀞駅→徒歩 10 分。◆車：関越自動車道・花園 IC から国道 140 号経由で 25 分。P から徒歩 10 分。
問い合わせ：長瀞町役場 0494-66-3111

岩畳は、荒川河床にある結晶片岩 (2010.10.15)

観察ポイント 埼玉県立自然の博物館前の荒川河床は、結晶片岩が水平に近い構造をもつことから岩畳《いわだたみ》と呼ばれ、絶好の観察地。虎岩《とらいわ》と呼ばれる白黒の模様が細かく褶曲《しゅうきょく》したスチルプノメレン－石英片岩が有名。泥岩が変成した黒色や青みがかった灰色をしたものや玄武岩の変成した緑色のものが多く、原岩を想像して観察するのが面白い。国道 140 号線の親鼻橋《おやはなばし》のすぐ上流右岸（南岸）にある、紅れん石を含む見事な赤色をした結晶片岩も観察したい。

岩畳（右上／右） 結晶片岩の岩相が見られる。色は元の岩石の成分と温度圧力条件を、ひらひらの向きは変成する時の力のかかり具合を示している。

虎岩《とらいわ》 褐色のスチルプノメレンと白色の石英・曹長石・方解石の縞模様。玄武岩凝灰岩が変成したものらしい。（撮影：斎藤眞）

31 千葉県

犬吠埼《いぬぼうさき》と屏風ケ浦《びょうぶがうら》

地層
砂岩
白亜紀・第四紀
国天然記念物・地質百選

犬吠埼《いぬぼうさき》付近は、1 億 3000 万～ 1 億 1000 万年前に大陸棚でたまった硬い砂岩でできていて、アンモナイトや二枚貝などの化石が産する。屏風ヶ浦《びょうぶがうら》はこれらを覆って海でたまった約 200 万年前の地層で、海食崖は“東洋のドーバー”と呼ばれる。関東平野の表層は屏風ヶ浦のような若くて軟らかい地層でできていて、逆に 1500 万年前以前の古くて硬い地層は東京付近では地下 2000m 以深にしかない。

場所：千葉県銚子市の西端に位置。
アクセス：犬吠崎◆銚子電鉄・君ヶ浜駅→徒歩 20 分。◆車：銚子連絡道路・横芝光 IC から国道 126 号経由で 1 時間 15 分。P から徒歩 5 分。屏風ヶ浦◆車：県道 286 号線 (銚子ドーバーライン) の降り口から徒歩。
問い合わせ：銚子市役所 0479-24-8181

観察ポイント 犬吠崎付近の海岸に露出している地層が白いのは、砂岩の砂粒の色が白いため。砂岩に挟まっている泥岩は黒っぽく見える。屏風ヶ浦は軟らかいシルト岩～砂岩シルト岩互層。犬吠崎に近づくにつれて、より古い地層が見られるようになる。

犬吠埼灯台の下の砂岩層は、南にゆるく傾いている(2009.3.27)

左の写真の中央左よりの部分の拡大。細かい板状で、やや色の濃いのは泥がちな部分。一方白っぽい砂岩の部分は、板状でなく塊で、割れやすい。

岬突端の岩肌
茶色く見えているところは、割れ目に水が入って風化したところ。

屏風ヶ浦 10kmにも及ぶ高さ30mの海食崖。写真は砂岩シルト岩互層。崖の浸食を防ぐための防波堤を歩くことができるが、波に注意。

32 千葉県

南《みなみ》関《かん》東《とう》ガス田《でん》

天然ガス

第四紀～現世

埼玉県南東部、東京湾から九十九里浜《くじゅうくりはま》にかけて、地下の地層にガスを含んでいる南関東ガス田がある。地層中の有機物がバクテリアによって分解されてできたこのメタンガスは地下水に溶けこんでいて、地下水を汲み上げると圧力が下がって水と分離する。千葉県茂原《もばら》市周辺で主に採取され、都市ガスとして利用されている。2007 年東京都渋谷区での爆発事故は、温泉水に含まれていたガスが適切に処理されていなかったのが原因。

場所：千葉県睦沢町の瑞沢川西門橋付近。

アクセス：◆ JR 上総一ノ宮駅→小湊バスで 15 分、「西門」下車すぐ。◆車：千葉東金道路・東金 IC から国道 128 号、県道 85・148 号経由で 50 分。

問い合わせ：睦沢町役場 0475-44-1111

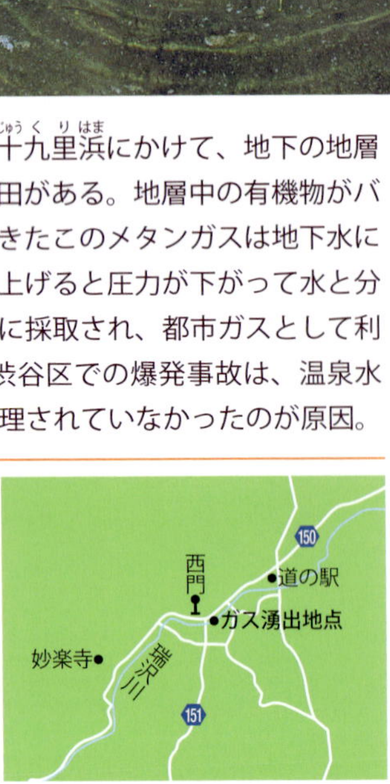

瑞沢川の水中から湧き上がってくるメタンガスの泡（2010.9.22）

観察ポイント 房総《ぼうそう》半島北部ではガスが地表にも湧き出しているところがある。このガスを採取して利用している旧家もある。ガスは地層中の砂層に含まれている。房総半島養老渓谷ではガスが含まれるのと同じ地層を川沿いに見ることができる。

メタンガスは空気より軽く、ガスが出る場所に密閉性の高い建物があると建物の上の方にたまる。南関東ガス田の上では何度も爆発事故が起きており、茂原市周辺ではガスを逃がす工夫がされている建物もある。

川底の砂よりさらに下にある地層の割れ目から、ガスは上がってくる。

瑞沢川《みずさわがわ》 水田の中を川が流れるどこにでもある風景に見えるが、この地下にはメタンガスを含む 100 万年～200 万年前の地層がある。

33 千葉県

黒《くろ》滝《たき》不《ふ》整《せい》合《ごう》

不整合

砂岩・泥岩

新第三紀鮮新世

地質百選

房総《ぼうそう》半島にある約 300 万年前の不整合《ふせいごう》。不連続的に地層がたまることを不整合というが、ここの不整合を境に、下が三浦層群、上が上総《かずさ》層で、上下の地層のたまった時代に 100 万年以上のギャップがある。不整合の上下の地層の向きの違いはこの場所でははっきりしないが、地質図で見ると地層の向きが異なる。この不整合はフィリピン海プレートの沈み込み方向が変わり、当時の海底の傾斜が変化してできたものと推定されている。

場所：千葉県勝浦市の勝浦湾西端に隣接。

アクセス：◆ JR 鵜原駅→徒歩 40 分。◆車：圏央道・木更津東 IC から国道 410 号、県道 32 号、国道 297 号経由で 1 時間 10 分。駐車後徒歩 10 分。

問い合わせ：勝浦市役所 0470-73-1211

海沿いの崖に見える黒滝不整合。写真左の白っぽい地層とやや黄土色がかったごつごつした地層との境界が不整合面（2010.9.21）

観察ポイント 不整合面の下の地層は成層した砂《さ》岩《がん》泥《でい》岩《がん》互《ご》層《そう》。その上の地層は海底地すべりでたまった大きな礫《れき》を含む地層で、上の層がたまるまでに何か海底に大きな変動があったと推測される。

下の地層は砂と泥がきれいな層をつくっている。これは泥がたまっていた海底に洪水や地震で砂が流れ込んでできた地層。

上の地層は大きな岩や石ころがたくさん入った地層。海底で地すべりによる土石流が起こってたまった地層。

中程に見える不整合面をよく見ると、下の地層がたまった後に一度削られ、その後上の地層がたまった様子が観察できる。

34 千葉県

館山《たてやま》の海成段丘《かいせいだんきゅう》

変動地形

礫岩

新第三紀中新世～鮮新世・現世

県天然記念物

房総《ぼうそう》半島の先端は、伊豆諸島をのせるフィリピン海プレートが関東をのせる北米プレートの下に沈み込むことによって起こる「関東地震」の際に、繰り返し隆起してきた。館山市西部の見物《けんぶつ》海岸には、1703 年の元禄関東地震で海面付近だった波食棚が隆起した元禄段丘（標高 4.5m）と、1923 年の大正関東地震（いわゆる関東大震災）で隆起してできた大正ベンチと呼ばれる段丘面（標高 1.5m）が見られる。

場所：千葉県房総半島の先端一帯に位置。

アクセス：◆JR 館山駅→ JR バス（州の崎線）で 23 分、「見物海岸」下車、徒歩 5 分。◆車：富津館山道路・富浦 IC から国道 127 号、県道 257 号経由で 20 分。駐車後すぐ。

問い合わせ：館山市役所 0470-22-3111

観察ポイント 目指す段丘面は、見物海岸バス停前の駐車場西側。上側の平たん面が元禄段丘、下の面が大正ベンチ。なお、この段丘のできた地層は約 350 万年前の主にスコリアからなる粗い砂岩で、白い泥岩の角礫を含み、現在陸上で最も若い付加体を覆う。見物海岸から北東に 3.3km の沖ノ島も、大正関東地震で 2m ほど隆起して砂州ができ、陸続き（陸繋島《りくけいとう》）になったもの。

大正ベンチ 表面の穴は、シルト岩の礫の部分が浸食に弱いために穴になったもの。その周りは苦鉄質の溶岩礫、軽石からなる礫岩。

見物海岸の海成段丘 中央左の低い平たん面が大正ベンチ。中央右の乾いた一段高い面が元禄段丘（2010.9.21）

伊勢船島 県の天然記念物。元禄関東地震の際に島が陸化したもの。南房総市白浜町西端の白浜フラワーパークの脇にある。

35 東京都

山《やま》の手《て》崖線《がいせん》地形《ちけい》・武蔵野《むさしの》台地《だいち》

崖線地形
段丘堆積物
第四紀

東京は皇居より北西側の武蔵野台地《むさしのだいち》と南東側の東京低地にわけられ、武蔵野台地側が山の手と呼ばれる。東京低地との境は急な斜面が連続する崖線地形《がいせんちけい》をなす。武蔵野台地は50万～7万年前の間に堆積した地層で、関東ローム層に覆われ比較的安定している。一方、東京低地は氷期に海水準が下がって武蔵野台地が削られたところを最近の地層が埋めたもので大変脆弱《ぜいじゃく》。崖線地形はちょうど地質の境が現れているところである。

場所：東京都上野駅から王子駅にかけての山手線沿い。
アクセス：◆JR山手線の上野駅～王子駅→徒歩すぐ。◆車：首都高速道1号線・入谷ICから5~20分。
問い合わせ：台東区役所03-5246-1111ほか

観察ポイント 武蔵野台地と東京低地の境は、台地に刻まれた谷で途切れながら、赤羽〜上野〜皇居〜品川から南西に続く。京浜東北線は実はずっと崖下に沿って走っている。東京スカイツリーは東京低地の山の手崖線地形を望む抜群の位置にできたので、ぜひ空の上から地形を堪能してほしい。

北区の複合施設「北とぴあ」から王子駅〜上野（南方向）を望む。右側の緑に覆われた台地が飛鳥山《あすかやま》。この台地は上野公園まで続く（2010.11.16）

鶯谷《うぐいすだに》駅南の高架から上野方向を望む。山手線、京浜東北線、東北本線、常磐《じょうばん》線が武蔵野台地の縁に沿って走る。

王子《おうじ》駅西の飛鳥山公園（写真左下）と石神井川《しゃくじいがわ》の刻む音無渓谷《おとなしけいこく》（写真右下）。都電はここから武蔵野台地に登る。石神井川は、右から左上方向の不忍池《しのばずのいけ》に流れていたが現在は崖を削り込んで隅田川《すみだがわ》に合流している。

36 神奈川県

三《み》浦《うら》半《はん》島《とう》

変動地形・付加体

砂岩・泥岩

第四紀・新第三紀中新世〜鮮新世

国天然記念物・地質百選

三浦半島に分布する1200万〜440万年前の三崎層は、房総《ぼうそう》半島先端の西崎《にしざき》層とともに日本で最も新しい付加体。細粒のシルト岩（白色）に玄武岩《げんぶがん》などの黒色溶岩や軽石の岩くずが流れにのって供給され、黒白の縞々となった大変特異な地層。城ヶ

島西部や荒崎海岸で美しい。この地層が付加体になる時の変形が海外《かいと》や黒鯛込《くろだいこみ》で見られる。関東地震で繰り返し起こる隆起を示す「諸磯《もろいそ》の隆起《りゅうき》海岸《かいがん》」は国の天然記念物。

荒崎海岸の三崎層　白色シルト岩と黒色砂岩の互層が美しい。奥の弁天島を越えて和田長浜海岸までは絶好の見学コース (2010.12.16)

観察ポイント 城ヶ島《じょうがしま》で西端の長津呂崎《ながつろさき》から馬《うま》の背洞門《せどうもん》へ海岸沿いを歩くと、付加体の三崎層とそれを覆うとされる初声層《はっせそう》が観察できる。そこから台地の縁の歩道を戻ると全体も見渡せる。三浦半島南西部の海外町《かいとちょう》のスランプ構造、黒鯛込《くろだいこみ》～浜の原の変形・混在化した三崎層もぜひ見よう。付加体ができるときに特徴的な変形が見られる。諸磯《もろいそ》湾の南東の国の天然記念物「諸磯の隆起海岸」は何回もの関東地震で潮《ちょう》間帯《かんたい》（海水面付近）に住む穿孔貝《せんこうがい》の穴が隆起したことがわかる。荒崎海岸～和田長浜海岸の遊歩道も三崎層と初声層の見学に適している。

黒鯛込の三崎層　地層がバラバラになって黒い火山岩の砂・礫《れき》と混じり合ったもの。三崎層は海洋プレートの沈み込みによってできた付加体。形成時に水が抜け、この水の通り道で地層が乱されてできたものである。

黒鯛込のデュープレックス構造（矢印）　水抜け時にバラバラになった地層のひとつ。付加体形成時に細かい断層で地層が積み重なったもの。ブロックになる前にすでに付加体になっていたことがわかる。

城ヶ島の三崎層　白色のシルトがゆっくりたまっていたところに玄武岩の角礫・砂が流れてきてたまった。荷重痕《かじゅうこん》やスランプ構造が見事。

火炎構造　荷重痕の一種。シルト岩のたまっていたところにタービダイト（混濁流）によって玄武岩溶岩などの粒子からなる砂が一気に乗ったために起こった。主に城ヶ島で見ることができる。

諸磯の隆起海岸　国の天然記念物。三崎層の砂岩泥岩互層が見られる。穿孔貝が開けた穴の列がほぼ水平に並び、何段もある。

左の拡大。穿孔貝は軟らかいシルト岩の部分をねらって穴を開ける。低い位置にある穴ほど角の立った新鮮な形をしているので、より新しいもの。穴の列の段差が１回の関東地震分の隆起。何回地震が起きたか観察できる。

海《かい》外《と》町《ちょう》のスランプ構造　県指定の天然記念物。付加体形成時にほぼ水平な断層で地層が重なりあった結果できたと考えられている。

馬の背洞門　大正関東地震前は波浪で穴ができていたが、地震で隆起し、現在は海面から出ている。440万～400万年前の初声層でできている。

初声層の礫岩　馬の背洞門脇の地層の中にある黒色と白色の火山岩礫がつくる斜めの堆積面（斜層理）が見事。左から右の流れでたまったと考えられる。

場所：神奈川県三浦市の三浦半島南部に位置。
アクセス：◆京浜久里浜線・三崎口駅→京浜急行バスで28分、「城ヶ島」下車、徒歩5~30分。◆車：横浜横須賀道路・佐原ICから県道27号、国道134号、城ヶ島大橋経由で40分。Pから徒歩5~30分。
問い合わせ：三浦市役所 046-882-1111

37
新潟県

新《にい》津《つ》油《ゆ》田《でん》

油田

砂岩・泥岩

新第三紀中新世

地質百選

新津《にいつ》油田は、明治・大正時代が最盛期だった新潟県の油田のひとつ。古くから地表に原油がにじみ出ていることが知られており、すでに江戸時代には採油と簡単な精製をし、灯油として使われていた。石油を産出するのは約 600 万年前の地層で、地表でも原油を含む砂岩層が観察できる。原油の元となったのは、さらに深いところにある古い泥岩の多い地層で、そこから原油が移動してきて砂の層にたまり、現在地表に露出している。

場所：新潟県新潟市秋葉区の金津地区に位置。
アクセス：◆ JR 新津駅→新潟交通バスで 25 分、「中野邸美術館」下車、徒歩 2 分。または、JR 矢代田駅徒歩 20 分。◆車：磐越自動車道・新津 IC から県道 320・41 号経由で 20 分。P から徒歩 3 分。
問い合わせ：石油の世界館 0250-22-1400

観察ポイント 原油の含まれる地層は泥岩の中に砂岩層が入っている地層である。砂岩の砂粒と砂粒の間にはすきまがあり、そこに原油が入っている。泥岩はすきまが少なく、砂岩層にたまった原油を逃がさない役割をしている。

茶色っぽい層が原油を含む砂岩層。白っぽいところは泥岩層（2009.8.13）

石油井戸のやぐら 採油をやめた油田跡は「石油の里公園」として整備されていて、歴史を知ることができる。

採油跡 原油混じりの水が湧いている。

油のにじんだ地層 揮発分が蒸発するため、砂岩層の原油は粘りけが強くコールタールのよう。近づくと石油のにおいがする。

38
新潟県
糸《いと》魚《い》川《がわ》・静《しず》岡《おか》構《こう》造《ぞう》線《せん》

断層
ペルム紀・新第三紀中新世
世界ジオパーク・地質百選

フォッサマグナパークの遊歩道沿いで見られる断層の露頭（2009.8.8）

日本列島を東西にわける大きな断層。約 2000 万年前に日本列島が大陸から分離するときに、日本の中央部にフォッサマグナと呼ばれる日本海から太平洋までつながる大きな窪地ができた。この西縁の断層が、糸《いと》魚《い》川《がわ》・静岡構造線である。これを境に東側は 2000 万年前以降の地層が埋め、西側はそれよりずっと古い数億年前からの地層でできていて、東西で地層が大きく異なる。（p285 図 -6 日本列島とプレート 参照）

観察ポイント 大きな断層は線ではなく、地層や岩石が砕けたある程度の幅を持った破《は》砕帯《さいたい》。左の写真の露頭では、断層の動きで岩石が粘土になった白っぽい断層粘土の西側（左側）に約2億数千万年前の岩石が、東側（右側）には1600万年前の岩石が見えている。

糸魚川・静岡構造線東側では海底で噴出した安《あん》山《ざん》岩の枕状溶岩《まくらじょうようがん》が観察できる。

断層露頭から眺める南側の景観 構造線は北アルプス東麓の山地を通っており、その辺りは山が低いため、古くから信州へ抜ける「塩の道」として有名だった。

場所：新潟県糸魚川市の根知地区のフォッサマグナパーク内に位置。
アクセス：◆JR根知駅→徒歩20分。◆車：北陸自動車道・糸魚川ICから国道148号経由で10分。Pから徒歩10分。
問い合わせ：フォッサマグナミュージアム 025-553-1880

39 新潟県

小《こ》滝《たき》ヒスイ峡《きょう》

ヒスイ / 変成岩 / 古生代 / 世界ジオパーク・地質百選

古代から装飾品として重用されてきたヒスイ。全国にヒスイの産出地は点在するが、宝石になるようなヒスイが多産するのは糸魚川《いといがわ》市に限られる。小滝川と青海川《おうみがわ》の産地が有名で、糸魚川ジオパークの主要なジオサイトである。ここのヒスイは、もともと蛇紋岩《じゃもんがん》の中に入っていたもので、風化・浸食により川に流され、密度が大きいために巨礫《きょれき》が特定の場所にたまっている。これらのヒスイには5億年超の形成年代が知られている。

場所：新潟県糸魚川市の中西部、明星山南麓に位置。
アクセス：◆JR小滝駅→タクシーで10分（路線バス運行なし）。◆北陸自動車道・糸魚川ICから国道148号経由で25分。Pからすぐ。
問い合わせ：糸魚川市役所 025-552-1511

観察ポイント 最初に、フォッサマグナミュージアムか青海自然史博物館に行って、基礎知識を身につけ、巨大なヒスイの塊を見ておくと、より観察が楽しめる。白い部分がヒスイ輝石、薄緑色の部分がオンファス輝石とされる。現地ではこれらと同じヒスイの巨礫を見ることができる。なお、ヒスイ峡では採取厳禁なので、決してたたいたり拾ったりしないこと。

小滝ヒスイ峡に転がるヒスイの巨大な転石（中央左と左手前）。硬いので壊れにくく、大きな転石のままになっている（2009.8.8）

ヒスイの原石　河原で見ることができる。

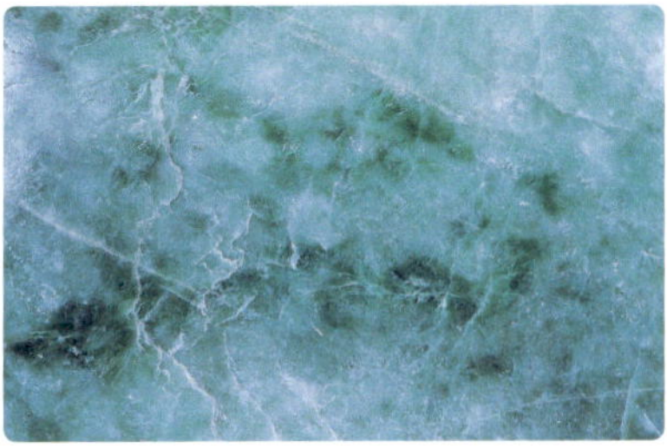

ヒスイの表面　ヒスイが全体的に白く見えるのは、ヒスイ輝石やオンファス輝石が細かい結晶の集合体のため。

ヒスイ　河口付近の海岸で採取された。チタンを含むために淡い紫色になる。（フォッサマグナミュージアム所蔵）

下流側から望む小滝ヒスイ峡
写真右半分の崖は3億4500万～2億6000万年前の海洋島の石灰岩。

称名滝《しょうみょうだき》

滝

凝灰岩

第四紀～現世

国天然記念物

称名滝《しょうみょうだき》をつくる岩石は、立山火山から約 10 万年前に噴出した大規模な溶結凝灰岩《ようけつぎょうかいがん》で、称名滝火砕流《かさいりゅう》堆積物と呼ばれる。立山火山の成長によって、北側の大日岳《だいにちだけ》や奥大日岳付近から流れ下っていた谷の水がせき止められ、弥陀ヶ原《みだがはら》の台地の端から落水する称名滝となった。4 段に折れた滝は、直径 60 m、水深 6 mの滝壺に流れ落ちたあと、称名川となり、称名川発電所の下流で常願寺川へと注ぐ。

場所：富山県立山町南部の称名渓谷に位置。

アクセス：◆富山地方鉄道・立山駅→立山黒部観光バスで 20 分（冬期運休）、「称名滝」下車、徒歩 30 分。◆車：北陸自動車道・立山 IC から県道 6･170 号経由で 50 分。P から徒歩 30 分。

問い合わせ：立山町役場 076-463-1121

観察ポイント 滝の全貌が見られる滝見台、滝を見下ろす大観台、滝を間近で見られる称名橋、滝見台園地など、様々なビューポイントがある。称名滝の右側には雪解け水などで水量が増えるときだけハンノキ滝が現れる。

流れ落ちる水によって滝壺には強い浸食力が働いている。下流側が強く浸食されることにより滝の落差が保たれている。

称名滝は、落差 350 mと日本で最も落差の大きな滝とされる。右側はハンノキ滝（2010.6.7）

豪雪地帯である立山では、雪崩による斜面の浸食も顕著に見られ、夏でも雪渓が残る。

悪城《あくしろ》の壁《かべ》
称名渓谷にある、滝の浸食でできた高さ 100m を超える峻険で巨大な崖。

41 富山県

立山《たてやま》カルデラと大崩壊《だいほうかい》

火山・崩壊地形
火山岩
第四紀
地質百選

立山の弥陀ヶ原《みだがはら》の南にある東西約 6.5km、南北約 5km の窪地は立山カルデラと呼ばれているが、火山の大噴火によって陥没したカルデラではなく、跡津川《あとつがわ》断層による破砕や火山活動による変質で脆弱《ぜいじゃく》になった岩石が大きく浸食されてできたもの。1858 年 4 月 9 日に跡津川断層が動いて飛越《ひえつ》地震（M7.3 ～ 7.4）が発生し、立山カルデラ内の多枝原《だしはら》谷の上部が大崩壊した。これが有名な鳶崩《とんびくず》れで、崩壊物は 0.1km³ に及んだ。

場所：富山県富山市と立山町の境界にあり、弥陀ヶ原東南部に位置する。
アクセス：◆富山地方鉄道・立山駅→ケーブルカーで 7 分、「美女平」下車、立山高原バスで 30 分、「弥陀ヶ原」下車、カルデラ展望台まで徒歩 15 分。◆車：北陸自動車道・立山 IC から県道 6 号で立山駅 P まで 40 分。あとは同上。
問い合わせ：（財）立山カルデラ砂防博物館 076-481-1160

立山カルデラの内側 切り立った崖に囲まれ、崩壊が進む。右から兎谷、滝谷、湯川谷本流、松尾谷。湯川谷本流を上り詰めたところがザラ峠（2011.7.12）

観察ポイント 立山カルデラ砂防博物館主催の立山カルデラの見学会に参加するのが最も効果的。立山黒部アルペンルートの弥陀ヶ原の展望台もおすすめ。鳶崩れとその崩壊物が今も不安定なまま厚くたまっている多枝原平《だしはらだいら》は必見。常願寺川は岩峅寺《いわくらじ》付近で富山平野に出て見事な扇状地をつくっていて、これまで幾度となく土砂を運んできたことを物語っている。土石流で運ばれてきた西大森の大石も必見。

立山新湯 魚卵状オパール（玉滴石）が現在できつつある貴重な温泉。カルデラ内の噴気口のひとつで、熱湯が湧く。

兎谷《うさぎだに》の砂防 鳶山北西斜面の土砂流出を抑えるため、大規模な砂防工事が行われている。

西大森の大石 立山町の天然記念物。高さ約7.2m、周囲約32.4m。1858年の大崩壊で流されてきた。

鳶崩れ カルデラ展望台より。写真中央上～右に広がる窪地が鳶崩れ。その下に広がる緩斜面が崩壊物がたまった多枝原平。崩壊地の上部は立山火山の15万～12万年前の噴出物、中下部は約1億8000万年前の船津花崗岩類。奥は薬師岳。

42 石川県

百万《ひゃくまん》貫《がん》岩《いわ》と桑《くわ》島《じま》化《か》石《せき》壁《へき》

堆積岩・斜面崩壊

堆積岩

ジュラ紀～白亜紀

日本ジオパーク・国天然記念物・地質百選

手取川《てどりがわ》上流域には、恐竜化石で有名な1億7000万～1億年前の地層が分布する。そこの桑島の化石壁は日本で初めて中生代の地層が認識された国の天然記念物。ダム湖に沈んだ後、上流約400mの右岸が代替地となった。恐竜、脊椎動物、植物の化石が多数産出。百万貫岩《ひゃくまんがんいわ》は、1934年の大水害の際に宮谷川《みやたにがわ》から流れてきた巨岩。今でも手取川源流域では斜面崩壊が続き、砂防工事が行われている。

場所：石川県白山市南部の手取川上流に位置。

アクセス：◆JR金沢駅→北陸鉄道バスで1時間45分、「白峰車庫」下車、徒歩1時間30分。◆車：北陸自動車道・福井北ICから国道416・157号、県道33号経由で1時間30分。

問い合わせ：白山市役所 076-276-1111

観察ポイント 桑島の化石壁に行く前に、白《はく》山恐竜《さんきょうりゅう》パーク白峰《しらみね》で地質の概要を把握してから見学するとよい。国の天然記念物に指定されている場所は、桑島の化石壁と白山南西麓の湯の谷にある。白山恐竜パーク白峰の化石発見広場で化石採集も可能（有料）。また、百万貫岩は近づいて観察すると、砂岩と丸い石が並んだ礫岩《れきがん》でできているのがわかる。

百万貫岩　県の天然記念物。高さ 16m、周長 52m。推定 4,839 t でおよそ 129 万貫からその名がついた（2009.8.10）

百万貫岩の表面　1 億 7000 万～ 1 億年前の礫岩と砂岩からできている。礫岩はこのようにこぶし大の丸い石でできている。

現在の桑島化石壁
手取川の対岸から望む。

桑島化石壁の砂岩泥岩互層
氾濫原でたまったと考えられていて、化石の密集層がある。

43 福井県

東《とう》尋《じん》坊《ぼう》海《かい》岸《がん》

柱状節理

安山岩

第三紀中新世

国天然記念物・地質百選

東尋坊《とうじんぼう》の安山岩《あんざんがん》は、約 1300 万年前頃に海底の堆積物中にマグマがシート状に入り込んで固まった岩床《がんしょう》と呼ばれる貫入岩体《かんにゅうがんたい》。マグマが冷却するときにできた垂直の割れ目で切り離された岩石は、柱のような形となるため柱状節理《ちゅうじょうせつり》と呼ばれるが、東尋坊の柱状節理は鉛直に近い方向に延びる太い柱が多く、その規模は日本有数。東尋坊の断崖はマグマの冷却によってつくられた造形といえる。

場所：福井県坂井市の北西端に位置。
アクセス：◆えちぜん鉄道三国芦原線・三国港駅→京福バスで 10 分、「東尋坊」下車、徒歩 5 分。◆車：北陸自動車道・加賀 IC から国道 305 号経由で 40 分。P から徒歩 5 分。
問い合わせ：坂井市役所 0776-66-1500

柱状節理が発達する東尋坊海岸の安山岩（2009.6.12）

観察ポイント 整備された遊歩道で散策をしながら見事な柱状節理を観察してほしい。通称「大池」と呼ばれる岩場付近の展望テラスもおすすめ。遊覧船に乗れば、東尋坊の23mもの断崖を海上からも堪能できる。橋で渡れる雄島《おしま》にも柱状節理が発達しており、またここから眺める東尋坊も絶景。

柱状節理のほかに、柱に直行する方向の割れ目も見られる。マグマが冷えてから現在までに岩石に働いた様々な力の方向によって、いろいろなパターンの割れ目ができる。

柱状節理を上から見たところ。多角形の割れ目のパターンに注目。

福良《ふくら》の浜 マグマに貫入された海底の堆積物(凝灰岩)が見られる。

マグマが冷え固まるときにかかっていた力の方向によっては、このように角柱というよりは板のような割れ方をした箇所もみられる。

44 山梨県

瑞《みず》牆《がき》山《やま》岩《がん》峰《ほう》群《ぐん》

風化地形

深成岩

新第三紀中新世

瑞牆山《みずがきやま》(標高 2230m) は、南東側の金峰山《きんぷさん》とともに深田百名山に数えられ、東西に 1500 万～ 1100 万年前の黒雲母花崗岩《くろうんもかこうがん》の岩峰が連なる。甲府の周辺の 1500 万～ 400 万年前の花崗岩類のうち、瑞牆山と金峰山の花崗岩は古く、西側の甲斐駒ヶ岳《かいこまがたけ》の花崗岩と同時期。日本海の拡大で日本列島が大陸から離れ、できたばかりの熱い海洋プレート（四国海盆《しこくかいぼん》）にのし上がったために、付加体が溶けてできたと考えられている。

場所：山梨県北杜市の北東部、長野県境近くに位置。

アクセス：◆ JR 韮崎駅→山梨峡北交通バスで 1 時間 10 分、「瑞牆山荘」下車（冬期運休）。◆車：中央自動車道・須玉 IC から県道 601・23 号経由で「瑞牆山荘」まで 45 分。P から山頂まで徒歩 2 時間 40 分。

問い合わせ：北杜市役所 0551-42-1111

観察ポイント 金峰山花崗岩は石英と正長石が多いために特に白く、美しい白い岩壁をなしていて、有色鉱物として黒雲母がばらばらと入っている。花崗岩は地下でゆっくりと固まったために大きさの揃った鉱物粒子だけでできている（等粒状組織）。花崗岩類は一般に風化しやすく、瑞牆山付近も風化による独特の風景をなしている。

山頂付近の岩峰と須玉町方面　花崗岩の風化のなせる技（2010.11.10）

東西に連なる西尾根の岩峰群。

岩峰頂部の様子　節理が発達している。

東陵の岩峰群　遠く奥秩父の峰々が見える。

瑞牆山の花崗岩は白く美しい。

45 山梨県・静岡県

富士山

火山・湧水

玄武岩

第四紀

地質百選

富士火山は国内最大級の成層火山。約 10 万年前ごろ、小御《こみ》岳火山《たけかざん》などを基盤として古富士火山の成長が開始し、約 2000 年前頃までに現在の高さまで急速に成長した。富士火山のマグマの噴出率は日本国内の火山の中では極めて大きい。富士山では山腹割れ目噴火も頻繁に繰り返されており、868 年の貞観噴《じょうがんふん》火《か》では、北西山麓の割れ目火口から大量の溶岩が噴出し、現在

の青木《あおき》ヶ《が》原《はら》をつくった。最新の噴火は 1707 年の宝永《ほうえい》噴火。東山腹に開いた割れ目火口（宝永火口）からの爆発的噴火によって、南関東の広い範囲に火山灰が降った。富士山などの火山灰が、関東ローム層の形成に深く関わっていることがわかっている。

噴火による溶岩や火砕物が積み重なってできた富士山。本栖湖より望む（2001.11.6）

観察ポイント 北西～南東に並んだ側火山の活動により、富士山は完全な円錐形ではなく北西～南東方向に伸びた楕円形。そのため北西の本栖湖《もとすこ》側から見ると鋭くとがっているが、北東の山中湖側から見るとより広がった山の形をしている。また、本栖湖から見ると、側噴火によって形成されたいくつものスコリア丘が並んでいるのがわかる。

北東の山中湖から見た富士山　右側中腹の膨らみは富士山より古い小御岳《こみたけ》火山。

大沢崩れ　大沢休泊所から見上げる、富士山西斜面に発達する富士山最大の沢。山頂部へと崩落が進行していることがわかる。崩壊した土砂は山麓に押し出され、広大な扇状地をつくる。

脆い火山岩からなる不安定な急斜面では頻繁に落石が起きている。

宝永火口　1707 年の宝永噴火で東中腹にできた火口。宝永噴火は最近数千年間の富士山の噴火の中では最も大規模で爆発的な噴火のひとつで、その火山灰は南関東の広い範囲を覆った。

宝永火口のまわりには爆発的な噴火によって吹き飛ばされた火山弾が数多く見られる。

宝永第 1 火口の火口壁上部　鉄分が酸化して鮮やかに赤茶けている溶岩層が確認できる。

鳴沢溶岩樹型《なるさわようがんじゅけい》
流動性の高い玄武岩溶岩が流れ込んだため、溶岩によって取り囲まれた樹木は焼失し、樹木の形の穴が残された。富士山麓には様々な時代の多くの溶岩樹型が残されている。

青木ヶ原の溶岩棚　868 年の大噴火で噴出した溶岩がつくる溶岩原。その表面は樹海に覆われているが、新鮮な溶岩地形が多く残されている。

富岳風穴《ふがくふうけつ》　国の天然記念物。粘性の低い玄武岩溶岩がつくった溶岩トンネル。青木ヶ原の深い森の中の、大きな口を開けた入り口の階段を降りていくと、急に気温が低下していくのがわかる。

ガス孔の跡　富岳風穴の入り口近く。溶岩に含まれていたガスが集まってできた空洞が崩落してできた孔。粘性の低い玄武岩溶岩にしばしば見られる。

富岳風穴は、夏でも洞内の気温が 3℃ほどしか上がらず、大きく成長した氷《ひょう》柱《ちゅう》が見られる。

柿田川湧水《かきたがわゆうすい》　富士山麓の代表的な湧水。三島《みしま》溶岩の下を流れてきた大量の地下水が湧出している。その透明度には魅了される。

柿田川　日量 100 万トンの豊富な湧水が多数の水中植物などの生態系を支えている。

白糸《しらいと》の滝《たき》　透水性の低い古富士火山噴出物と、その上を覆う透水性の高い新富士火山の溶岩の間から湧出する地下水がつくる滝。富士山麓では豊富な湧水を利用した製紙工業などの産業が発達している。

［富士山］ 場所：山頂を中心に、山梨県富士吉田市・鳴沢村、静岡県富士宮市・富士市・御殿場市が接する。アクセス：◆富士急大月線・富士山駅→山梨バスで富士山五合目まで1時間（冬期運休）◆車：中央自動車道河口湖ICから富士スバルライン経由で45分。問い合わせ：山梨県富士吉田市役所 0555-22-1111、静岡県富士宮市役所 0544-22-1111
［柿田川］ 場所：静岡県駿東郡清水町の国道1号線沿いに位置。アクセス：◆JR沼津駅から東海バスで20分「柿田川湧水公園前」下車。◆車：東名高速道路・沼津ICから県道83号線、国道1号線経由で10分。問い合わせ：清水町役場 055-973-1111

46 長野県

大鹿村《おおしかむら》の中央構造線《ちゅうおうこうぞうせん》

断層

マイロナイト

白亜紀

日本ジオパーク・地質百選

中央構造線は九州東縁から関東平野地下に続く、日本列島の西半分を東西に貫く大断層で、断層の両側には全く違う場所でできた岩石がある。この断層がいつ、どんな向きに、どれくらいずれたのかは日本列島のでき方と深い関係があり、諸説ある。山中を通る断層は崩れやすいため低くなっており、古くから道が通っていることがある。伊那谷《いなだに》の東側を通る中央構造線沿いの谷はまさにそれで、古くから秋葉街道として活用された。

場所：長野県大鹿村の鹿塩川および小渋川沿いに位置する。
アクセス：◆ JR 伊那大島駅→伊那バス (昼間 1 便のみ) で 1 時間、「大河原」下車、中央構造線博物館まで徒歩 2 分。◆車 : 中央自動車道・松川 IC から県道 59 号、国道 152 号経由で、北川露頭 P まで 1 時間 15 分。P からすぐ。
問い合わせ: 大鹿村役場 0265-39-2001

観察ポイント 断層が繰り返し動くと断層付近の岩石が砕けて、粘土や細かく砕けた岩石になる。これを破《は》砕帯《さいたい》といい、中央構造線の露頭で観察することができる。地震が起きて地下深くで断層が動くと、その熱で岩石が溶けて固まり、シュードタキライトという岩石ができることがあり、大鹿村にもそれが観察できる場所がある。

大鹿村の北川露頭 中央構造線の破砕帯が中央に見える（2010.5.4）

中央構造線西側（左の写真の左側） 花崗岩でできている。

中央構造線東側（左の写真の右側） 地下深くでできた結晶片岩がある。

断層付近の岩石 細かく割れ目が入って砕けているのは、繰り返し断層が動いたため。

47
長野県

木曽駒ヶ岳《きそこまがたけ》千畳敷《せんじょうじき》

氷河地形
花崗閃緑岩
第四紀

7000 万～ 6500 万年前の花崗閃緑岩《かこうせんりょくがん》でできた木曽駒ヶ岳《きそこまがたけ》（標高 2956m）を伊那谷《いなだに》から見ると頂上付近にスプーンでえぐったような地形がある。これが千畳敷《せんじょうじき》カールで、約 2 万年前の最終氷期の最寒冷期に氷河があった跡。西からの風によって木曽駒ヶ岳の東斜面には雪が吹きだまり、氷河ができていた。中部山岳には、同時期に同じように氷河ができていて、薬師岳《やくしだけ》のものが有名だが、千畳敷カールが最も手軽にたどりつける。

場所：長野県駒ヶ根市と宮田村のほぼ境界付近、宝剣岳の東側に位置する。
アクセス：◆ JR 駒ヶ根駅→伊那バスもしくは中央アルプス観光バスで 51 分、しらび平下車、ロープウェイに乗り換え 7 分、千畳敷下車すぐ。◆車：菅の台バスセンター (P 有り) より先はマイカー規制。
問い合わせ：駒ヶ根市役所 0265-83-2111

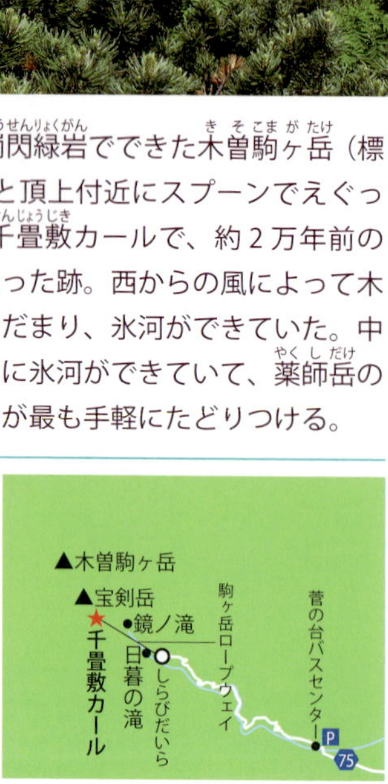

観察ポイント カールの底には氷河の削りかすのたまった土手、モレーンがある。そこに立って頂上方向を望むと手前にせき止められてできた剣《けん》ヶ《が》池《いけ》がある。2万年前にはその向こうに氷河があり、花崗閃緑岩を削ってすり鉢状のカールをつくった。その後、節理の発達した花崗閃緑岩が崩落し、角礫《かくれき》がカールの上部にたまった。

千畳敷カール　中央が宝剣岳。木曽駒ヶ岳の山頂はこの奥にある。丸い窪みを氷河が埋めていたことを想像してみたい（2011.7.11）

モレーンの上からカールを望む　手前がモレーンでせき止められてできた剣ヶ池。

宝剣岳《ほうけんだけ》　この付近の花崗閃緑岩に数多くの節理があり、崩壊してカールの上部に礫を供給している。

カール上部にたまった崖錐堆積物《がいすいたいせきぶつ》。礫の大きさが人と同じほどなのがわかる。

48 長野県

寝覚《ねざめ》の床《とこ》

浸食地形
深成岩
白亜紀

上松《あげまつ》町の木曽川にある旧中山道の景勝地。7000 万～ 6500 万年前の花崗岩が激流で削られてできた。このころ岐阜県北部～長野県南西部に濃《のう》尾《び》流紋岩《りゅうもんがん》が大規模に噴出した直後に、石英分に富むマグマが上昇して冷え固まったもの。濃飛流紋岩に接触変成作用を及ぼしている。昔はもっと流れが速かったが、上流にダムがつくられ、その水を下流で発電・放流するために水量が減って、今ではゆったりとした流れになっている。

場所：長野県上松町の木曽川本流に位置。
アクセス：◆ JR 上松駅→おんたけ交通バスで 5 分、「中山道ねざめ」下車、徒歩 10 分。◆車：中央自動車道・伊那 IC から国道 361・19 号経由で 1 時間 10 分。P から徒歩 7 分。
問い合わせ：上松町役場 0264-52-2001

観察ポイント 全体に白っぽい花崗岩でできている。花崗岩には鉛直方向の節理と、水平方向の節理がある。このため、まさに「床」と呼べる水平面ができているのが遊歩道を歩くとよくわかる。また甌穴《おうけつ》も見られる。国道 19 号線沿いからも眺められるが、中央本線の車窓からの景色も格別。

寝覚の床と木曽川の流れ　現在の流れは穏やか（2010.5.4）

寝覚の床の全景　下流側から上流を眺めた様子。左の写真は、この中央部を拡大したもの。

花崗岩にできた甌穴　人が入れるほどの大きさのものがある。

上松花崗岩　黒っぽい鉱物は黒雲母、灰色がかったのは石英、白っぽいのは長石。

名の由来　ほぼ水平な節理があるために、「床」のように平たん面ができる。

49 岐阜県

飛《ひ》水《すい》峡《きょう》

地層・浸食地形
チャート
三畳紀～ジュラ紀
国天然記念物・地質百選

七宗町上麻生《ひちそうちょうかみあそう》の木曽川の支流飛騨川《ひだがわ》は飛水峡《ひすいきょう》と呼ばれ、チャートからなる断崖や峡谷が風光明媚で、JR の特急でもアナウンスがあるほど。この付近は海洋プレート上に堆積した 2 億 5000 万～ 1 億 6000 万年前の地層が断層で何回も積み重なった付加体。見学地上流側の約 2 億 5000 万年前の部分から、上麻生橋近辺の約 1 億 7500 万年前の部分まで約 7500 万年のタイムトラベルができる。

場所：岐阜県七宗町南部の飛騨川左岸に位置。川への転落にくれぐれも注意。
アクセス：◆ JR 上麻生駅→徒歩 15 分（トンネル西出口からアプローチ）。◆車：東海環状自動車道・美濃加茂 IC から国道 41 号経由で 20 分。P（トンネル東出口側）から徒歩 10 分。
問い合わせ：七宗町役場 0574-48-1111

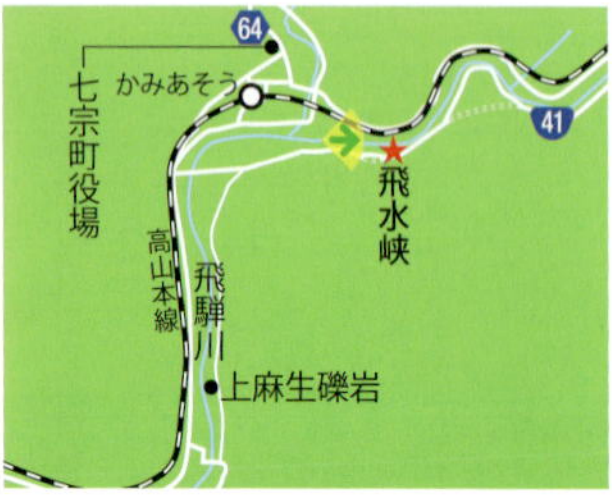

観察ポイント 上麻生橋南詰、川並交差点東方のトンネル脇の旧道入口に、コンクリートの階段があり、左岸の岩盤上に降りられる。その周辺は珪質泥岩《けいしつでいがん》（1億8000万～1億7000万年前）で、上流に向かうと次第に古くなり、色の薄いチャート、白いチャートを時々含む赤いチャート（2億4000万～2億3000万年前）、そして東の端にチャートと粘土岩の互層（約2億5000万年前）が現れる。また、JR上麻生駅から徒歩20分ほどのところに、日本最古（約20億年前）の岩石を礫で含む1億7000万～1億6000万年前の上麻生礫岩《かみあそうれきがん》がある。

上麻生橋から上流側を望む 見学地は右側（左岸）。階段があって降りられる（2009.12.1）

右上 / **赤いチャート** 見学地上流側。2億4000万～2億3000万年前のもの。白いチャートを含む。まれに砂の薄層を含む。
右 / **薄い色のチャート** 赤いチャートより下流側。2億3000万～1億7500万年前のもの。

チャートにできた甌穴を横から見たところ。

甌穴の円礫 チャートにできた甌穴に濃飛流紋岩《のうびりゅうもんがん》の円礫が見られる。

50 岐阜県

根尾谷断層《ねおだにだんそう》

地震断層

活断層

第四紀

特別天然記念物・地質百選

1891年10月28日午前6時38分、岐阜県本巣市根尾《もとすしねお》付近を震源とするM8.0の濃尾《のうび》地震が発生し、濃尾平野に大被害を及ぼした。これは福井県大野市～岐阜県可児市《かにし》に及ぶ根尾谷《ねおだに》断層系の活動による。この地震で本巣市根尾水鳥《みどり》に、「根尾谷断層」が出現したが、この断層は根尾川沿いの断層本体から分岐した断層で、本体との間が盛り上がったもの。北方の根尾中《ねおなか》には断層本体による9.2mの左横ずれ変位が出現した。

場所：岐阜県本巣市の根尾地区に位置。

アクセス：◆樽見鉄道・水鳥駅→徒歩2分。◆車：東海北陸自動車道・美濃ICから県道94号、国道418・157号経由で1時間10分。Pからすぐ。

問い合わせ：地震断層観察館 0581-38-3560

本巣市（旧根尾村）根尾水鳥の根尾谷断層。北東側 6m 上昇、左横ずれ 2 ～ 3m の変位がある（2009.12.11）

観察ポイント 地震断層観察館では断層の履歴を探るために掘削されたトレンチが見学できる。また、根尾谷断層南側の台地（根尾川のつくる段丘）の縁からは、断層崖の変位を全望できる。根尾中では、畑の境の生け垣が、根尾谷断層の左横ずれ変位を見事に示している。一回の地震でこれだけの変位が起きたことに驚かされる。

根尾谷断層全景　南側の段丘上から望む。

濃尾地震発生、断層形成直後の根尾谷断層。Milne and Burton(ca.1892) 著 The Great Earthquake of Japan, 1891(2nd edition) より。

断層の断面　地震断層観察館内では、トレンチ調査をそのまま残したものを見ることができる。

本巣市（旧根尾村）根尾中の左横ずれ断層　断層の向こう側が 9.2m 左に動いた。

51 岐阜県

春日《かすが》のスカルン鉱床《こうしょう》

変成岩　大理石　白亜紀

岐阜県西部の揖斐川《いびがわ》町から滋賀県米原《まいばら》市の地域では、1億7000万～1億6000万年前の付加体に、9500万年前頃、花崗岩質のマグマが上昇して冷え固まった。周囲の付加体はこのマグマの熱で接触変成作用を受けた。この際に伊吹山の石灰岩の北端と花崗岩マグマが反応して、スカルン鉱床ができた。スカルンは有用な金属を大量に含むことがあるが、ここでは石灰岩中のドロマイトとスカルン鉱物の珪灰石《けいかいせき》を採掘していた。

場所：岐阜県揖斐川町春日の粕川沿いに位置。
アクセス：◆近鉄揖斐線揖斐駅から揖斐川町コミュニティバス春日線、川合下車。◆車：名神高速道路・大垣ICから国道258・417号、県道32号経由で1時間。駐車後徒歩3分。
問い合わせ：揖斐川町役場 0585-22-2111

表川河床のホルンフェルスと珪長質の岩脈　手前側は石灰岩の変成した大理石。奥は変成した砂岩や泥岩（2010.11.29）

観察ポイント この地域は接触変成岩やスカルンの産状が見られる。特に、表川《おもてがわ》の河床には、観察しやすい露頭があることでも有名で、転石で珪灰石などがすぐに見つかる。珪灰石は花崗岩から派生した石英脈と石灰岩が反応してできたもので、美しい白色の針状結晶の集合体。

珪灰石　春日は日本でも有数の珪灰石の産地だった。建材やセラミックス原料、プラスチックに混合する材料に使われる。長辺は 7.5cm。

春日鉱山美東《みつか》坑跡　ドロマイトと珪灰石を採掘していた。

鉱山跡に見られる接触変成作用を受けた石灰岩（大理石）の露頭。

52 岐阜県

赤坂金生山《あかさかきんしょうざん》

鉱山・化石　石灰岩　ペルム紀

赤坂金生山《あかさかきんしょうざん》（標高217m）は、1億7000万〜1億6000万年前の付加体に含まれる主に黒っぽい石灰岩体。2億7000万〜2億6000万年前に海洋島頂部の波の穏やかなところでできたと考えられている。紡錘虫《ぼうすいちゅう》（フズリナ）化石のほか、巻貝や厚歯《あつば》二枚貝《にまいがい》などの多くの大型化石を含むため、世界的にも有名な場所。石灰岩のカルシウムの純度が高いことから、主に化学薬品用として使われる。

場所：岐阜県大垣市北西部の美濃赤坂に位置。

アクセス：◆JR美濃赤坂駅→徒歩20分。◆車：名神高速道路・大垣ICから国道258・21・417号経由で金生山化石館まで20分。Pからすぐ。

問い合わせ：金生山化石館 0584-71-0950

赤坂金生山を東から望む　崖の足下に南北方向の活断層があり、手前の濃尾平野側が沈降し、石灰岩側が上昇（2010.11.29）

観察ポイント　金生山化石館には立ち寄ろう。そこへ登る歩道沿いに紡錘虫化石やペルム紀の厚歯二枚貝化石などが見られる。鉱山内を望むには金生山化石館の上部から観察するのがおすすめ。金生山産の石灰岩は石材としても使われ、岐阜市の岐阜総合庁舎 1F にある厚歯二枚貝（シカマイア）を含む石灰岩は有名。

＊鉱山内は立入禁止。化石採集はできない。

赤坂石灰岩　紡錘虫（フズリナ）化石の密集層が含まれている。

巻貝化石を含む石灰岩　赤坂石灰岩は一般に黒っぽい。

巻貝化石　赤坂石灰岩から産出されたもの。

採石場　金生山化石館の上部から望む。江戸時代からの採掘で石灰岩部分だけが大きく削り込まれている。赤坂金生山は、日本の石灰岩鉱山の発祥の地と呼ばれている。

53 岐阜県・愛知県・三重県

木曽三川《きそさんせん》と濃尾平野《のうびへいや》

平野・活断層
堆積岩
第四紀

濃尾平野《のうびへいや》は現在も西部に行くほど沈降し、地形も地下構造も西に傾いている。このため揖斐《いび》川《がわ》、長良川《ながらがわ》、木曽川の木曽三川《きそさんせん》は、濃尾平野に入ると濃尾平野の西端を南北に流れて伊勢湾に注いでいる。地下の700万年前以降の地層も西に傾いていて、名古屋市東部の丘陵地の地層のうち昭和区～千種《ちくさ》区付近の地層は濃尾平野西部では地下400m近くに達し、さらに東側に露出する500万～250万年前の地層は濃尾平野西部では地下1500mくらいに達する。

場所：岐阜・愛知・三重3県にわたる。
アクセス：◆養老鉄道・多度駅→徒歩1時間20分（多度山山頂）◆車：東名阪自動車道・桑名東ICから国道258号経由で15分。多度山登山口から徒歩1時間。
問い合わせ：桑名市役所 0594-24-1231

木曽三川の下流部　養老山地から望む。中央右が揖斐川、左が長良川。その左上が木曽川。左端付近が岐阜・愛知・三重の県境の油島《あぶらじま》千本松《せんぼんまつ》締切堤《しめきりつづみ》（2009.12.10）

観察ポイント 濃尾平野を遠望できるポイントの中でも、木曽三川下流部では木曽三川公園センターにある「水と緑の館」の展望タワーや、養老山地の多度山山頂部からの眺望がよい。木曽三川の治水は鎌倉時代から行われてきたが、有名なのは江戸時代の宝暦《ほうれき》治《ち》水《すい》。1754 ～ 55 年に幕府が薩摩藩の弱体化を狙って行わせた治水工事で、木曽三川の分流工事が行われた。この歴史も木曽三川公園で見ることができる。

岐阜市の金華山から濃尾平野西部を望む　左奥が養老山地。中央に赤坂金生山の鉱山。これらの産地の手前に活断層があり、奥の山地が手前の濃尾平野にのし上がる。中央右奥に伊吹山。

左上の写真の河口部。中央右の揖斐川と隣の長良川の間は堤防で境されている。

河原の礫《れき》　長良川中流、岐阜付近。この辺りでは、こぶし大の大きさがあるが、河口の木曽三川公園までくると、砂と泥しか流れてこない。

54 愛知県

鳳《ほう》来《らい》寺《じ》山《さん》

火山岩

溶結凝灰岩

新第三紀中新世

国天然記念物・地質百選

鳳来寺山はカルデラ火山を埋めた厚い溶結凝灰岩からなる（2009.12.9）

約 1500 万年前、鳳来寺山《ほうらいじさん》（標高 684m）を含む三河《みかわ》高原には巨大なカルデラ火山が活動していた。噴出した多量の流紋岩の火砕流堆積物《かさいりゅうたいせきぶつ》は厚い溶結凝灰岩《ようけつぎょうかいがん》となった。鳳来寺山で見られる松脂岩《しょうしがん》は、溶結凝灰岩や溶岩の火山ガラスが、長い年月の間に水と結びついた (水和した) もの。鳳来寺山の周りでは金や絹《きぬ》雲母《うんも》などの鉱床がつくられ、その一部は今でも採掘されている。

観察ポイント 鳳来寺山とその周辺には多くの岩脈が発達している。岩脈は地下の岩盤の割れ目をマグマが満たしたもので、幅が狭く平板状なのが特徴。地下のマグマの通り道の化石と思って観察してほしい。湯谷《ゆや》温泉の宇連川《うれがわ》河床にある国の天然記念物「馬の背岩」もそのひとつ。

鏡岩 溶結凝灰岩の絶壁。カルデラを埋めた厚い火砕流堆積物。

松脂岩 水和した火山ガラスで、もろく砕けやすい。（撮影：下司信夫）

馬の背岩 火山活動の末期に貫入した安山岩の岩脈。

場所：愛知県新城市鳳来地区に位置。
アクセス：◆JR本長篠駅→豊鉄バスで21分、「鳳来寺山頂」下車、徒歩10分（鏡岩）。◆車：東名高速道路・豊川ICから国道151号、県道524号経由で1時間10分。鳳来寺山頂Pから徒歩10分。
問い合わせ：新城市役所 0536-23-1111

55 滋賀県・岐阜県

伊吹山《いぶきやま》

鉱山　石灰岩　ペルム紀

伊吹山《いぶきやま》（標高 1377m）は滋賀県と岐阜県の境にある石灰岩主体の山。上部と西側〜北側は 1 億 7000 万〜 1 億 6000 万年前の付加体に含まれる巨大な石灰岩ブロックで 2 億 9000 万〜 2 億 6500 万年前のもの。ブロックの下面に西にゆるく傾く古い断層があり、その下側には砂岩や泥岩、チャートがある。姉川に面した西側の部分は、新しい断層の影響で節理が発達するため、大崩壊が起きて姉川をせき止めたことが知られている。

場所：滋賀県米原市の岐阜県境にそびえる。
アクセス：◆ JR 関ヶ原駅→名阪近鉄バスで「伊吹山山頂」まで 50 分（夏期のみ運行）。◆車：名神高速道路・関ヶ原 IC から伊吹山ドライブウェイ（有料）経由で 1 時間。
問い合わせ：米原市役所 0749-58-1121

伊吹山南方の滋賀県米原《まいばら》市須川付近から望む。左側の中段の肩より上は、崩壊しかかった石灰岩を採掘した部分（2011.7.13）

観察ポイント 伊吹山の石灰岩は、海洋島の周囲でできたもの。ほとんどが石灰岩礫《れき》からなる礫岩で、わずかに玄武岩《げんぶがん》の火山灰やチャートが含まれる。頂上付近では、礫もその周りの基質も石灰岩でできた礫岩であることがよくわかる。粒度では礫岩だが、化学的観点からふつう石灰岩に入れる。

伊吹山山頂付近　石灰岩が急傾斜をなすため、大変見晴らしが良い。

さざれ石　「君が代」の由来になったといわれる石。崩れた石灰岩の礫どうしが化学的に接着したもの。岐阜県揖斐川町笹又のさざれ石公園。

伊吹山上部の鉱山と西面の崩壊地　石灰岩鉱山は自然破壊と見る人もいるが、崩壊しやすい脆弱な部分を上から採掘し、採掘後の安定したところを緑化している。

56 三重県

二《ふた》見《み》浦《がうら》の夫《め》婦《おと》岩《いわ》

変成岩・浸食地形

結晶片岩

白亜紀

その昔、二見浦《ふたみがうら》はお伊勢参りの入り口だった。その二見浦にある夫婦岩は、今でも伊勢志摩国立公園の代表的な観光スポットで、初夏のころには、朝日がここから昇るのを見ることができる。片理《へんり》面（ひらひらの面）の向きが左の男岩《おいわ》と右の女岩《めいわ》で違っているのは、大正 7 年（1918 年）9 月 24 日の台風で女岩が転倒し、修復した際、片理面にズレが生じたため。一時期、女岩 “ 後妻 ” 説が持ち上がったこともあるが、そうではない。

場所：三重県伊勢市の二見浦に位置。
アクセス：◆ JR 二見浦駅→徒歩 5 分「二見浦表参道」→三重交通バスで 4 分、「夫婦岩東口」下車、徒歩 10 分。◆車：伊勢二見鳥羽ライン・二見ICから国道167号経由で5分。P から徒歩 10 分。
問い合わせ：伊勢市役所 0596-23-1111

観察ポイント 夫婦岩は直接観察できないので、遊歩道脇の岩石を観察。ひらひらしたうす緑色の岩石に一部暗灰色の部分が挟まっている。地下深くの高圧下に置かれたことによって、玄武岩質の岩石が細かく再結晶してうす緑色の鉱物になるとともに、変形も受けて鉱物が並び、ひらひらの片理面ができたのがわかる。

夫婦岩の全景 男岩が高さ９m、女岩が高さ４mといわれている。男岩は立石、女岩は根尻岩とも呼ばれている（2009.12.8）

遊歩道沿いの結晶片岩 うす緑の部分に暗灰色の部分が混じっている。

遊歩道沿いの結晶片岩の拡大。

男岩 ひらひらの面（片理面）が右上から左下方向に見られる。

57 三重県

熊《くま》野《の》鬼《おに》ケ《が》城《じょう》と獅《し》子《し》岩《いわ》

火山岩

凝灰岩

新第三紀中新世

世界遺産・国天然記念物

熊《くま》野《の》鬼《おに》ヶ《が》城《じょう》海岸には、今から 1500 万年前に噴出した火砕流《かさいりゅう》の堆積物である溶結凝灰岩《ようけつぎょうかいがん》が分布している。この火砕流は現在の熊野地域にあった 2 つの巨大カルデラ火山から噴出したもの。同じ時代には西日本の太平洋沿岸では一斉に大規模な火山活動が発生したことが知られているが、これは日本海の拡大による西日本弧の南下と南海トラフでのフィリピン海プレートの沈み込みの開始に関係している。

場所：三重県熊野市の太平洋岸に位置。

アクセス：◆ JR 熊野市駅→徒歩 15 分（周遊 40 分）。◆車：紀勢自動車道・大宮大台 IC から国道 42 号経由で 2 時間 40 分。鬼ヶ城 P から周遊 40 分。

問い合わせ：熊野市役所 0597-89-4111

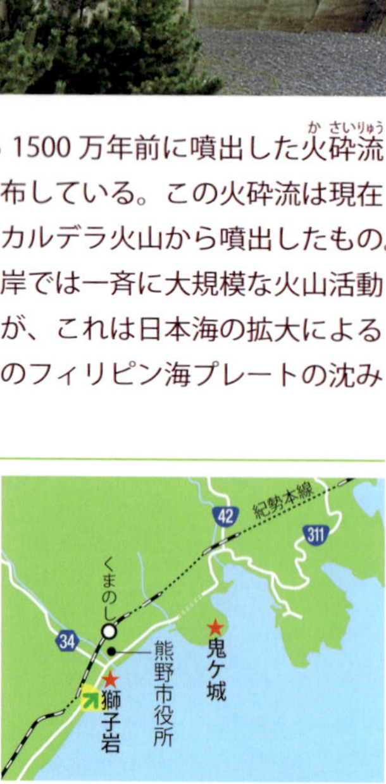

観察ポイント 鬼ヶ城に見られるような多孔質の凝灰岩は，海水中の塩分による風化を受け、タフォニと呼ばれる虫食い状の穴のあいた表面ができる。

凝灰岩にみられる様々なタフォニ。もともとの岩石の構造や、表面形状、雨水の当たり具合などによって様相が違ってくる。タフォニは風雨の当たりにくい、乾燥した岩陰などによく発達する。

獅子岩　高さ 25 m。鬼ヶ城と同様に凝灰岩の浸食によってできた海食崖（2008.8.6）

鬼ヶ城　世界遺産。波浪や風雨が強く当たる部分では、流水や波などによる機械的な浸食が進み、険しい海食崖がつくられる。

58 三重県

赤《あか》目《め》四《し》十《じゅう》八《はち》滝《たき》

柱状節理

溶結凝灰岩

新第三紀中新世

日本海の形成直後、現在の太平洋側の各地で大規模な火山活動が発生した。紀伊半島でも多数の大規模カルデラが活動し、大量の火《か》砕流《さいりゅう》堆積物を噴出。その大部分はすでに隆起・浸食により失われているが、奈良県と三重県の境の山地にはこの火砕流堆積物が比較的広く分布しており、室生《むろう》火砕流堆積物と呼ばれる。赤目《あかめ》四《し》十八滝《じゅうはちたき》は、これら堆積物が強く溶結し、緻密で硬くなった溶結凝灰岩によってつくられた険しい渓谷である。

場所：三重県名張市南部の奈良県境沿いに位置。

アクセス：◆近鉄大阪線・赤目口駅→三重交通バスで 10 分、「赤目滝」下車、◆車：名阪国道・小倉 IC から広域農道、県道 781・567 号経由で 30 分。P から徒歩 10 分（周遊 2 時間）。

問い合わせ：名張市役所 0595-63-2111

布曳滝《ぬのびきのたき》　赤目五瀑のひとつ。滝をつくる岩石は約 1500 万年前の溶結凝灰岩（2009.12.8）

観察ポイント 緻密な溶岩のように見える岩石だが、よく観察すると、堆積物の重さでつぶれた軽石がつくるレンズ状の構造が見られ、溶結凝灰岩であることがわかる。全長 4km にも及ぶ赤目四十八滝には、赤目五瀑を含む大小 20 あまりの滝が楽しめる。

溶結凝灰岩に見られる柱状節理《ちゅうじょうせつり》。

節理が発達した凝灰岩が崩れた大きな岩塊が谷を埋めている。

垂直な節理が発達するため、高い崖がつくられる。布曳滝のすぐ下流で見ることができる。

不動滝　緻密で硬い溶結凝灰岩は浸食に強いため多くの滝をつくる。

59 奈良県

兜岳《かぶとだけ》と鎧岳《よろいだけ》、屏風岩《びょうぶいわ》

柱状節理
溶結凝灰岩
新第三紀中新世
国天然記念物

曽爾村《そにむら》にそびえる兜岳《かぶとだけ》(高さ 920m)と鎧岳《よろいだけ》(高さ 894m)は、屏《びょう》風岩《ぶいわ》の続きで、この地域一帯に広く噴出した室生《むろう》火砕流《かさいりゅう》堆積物の溶結凝灰岩《ようけつぎょうかいがん》。どれも柱状節理《ちゅうじょうせつり》が見事。これらの山々は室生火山群と勘違いされるが、火山ではなく、溶結凝灰岩が浸食を受けてできた山。熊野酸性岩(57鬼ヶ城や61橋杭岩など)と同時期のよく似た火山活動でできた。太平洋側には、44瑞牆山《みずがきやま》から114屋久島まで一斉に珪酸分に富むマグマの活動があった。

場所:奈良県曽爾村の中央部に位置。
アクセス:◆近鉄大阪線・名張駅→三重交通バスで 36 分、「新宅本店前」下車、徒歩 1 時間 30 分で鎧岳山頂◆車:名阪国道・針 IC から国道 369 号、県道 42・784 号経由で 1 時間 10 分。登山口から徒歩 1 時間で兜岳山頂。
問い合わせ:曽爾村役場 0745-94-2101
【注意】登山ルートはいずれも急峻で危険箇所あり。

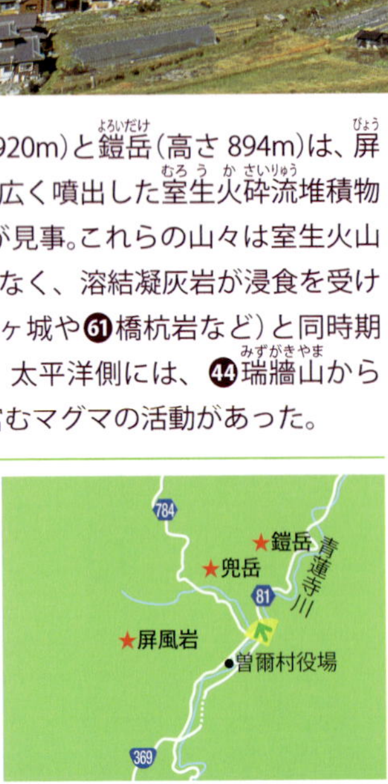

観察ポイント 目の前に見える絶壁は厚い溶結凝灰岩の断面。もともとは、この周辺を布団のように広く覆っていた溶結凝灰岩が、浸食されて切り立った崖ができた。溶結凝灰岩は大規模に噴出した火《か》砕流《さいりゅう》が、堆積するときに自分の熱でその一部が溶けて固まった岩石。冷却時の堆積減少によってできた柱状節理が見事。屏風岩周辺は、春の山桜の頃が絶景。

兜岳（左）と鎧岳（右）の全景（2009.12.8）

鎧岳（右上）と兜岳（右）の山頂部 どの山も柱状節理が見事。

屏風岩 高さ 868m。奈良県東部から三重県美杉村にかけて、室生火砕流堆積物と呼ばれる流紋岩溶結凝灰岩が東西 30km、南北 15km にわたって分布する。

60 和歌山県

一枚岩《いちまいいわ》と虫喰岩《むしくいいわ》

浸食地形
凝灰岩
現世
国天然記念物

虫喰岩《むしくいいわ》に見られる穴は、タフォニと呼ばれる風化現象。多孔質である凝灰岩の表面から水が蒸発する過程で、石膏《せっこう》などの微結晶の成長によって岩盤表面がはがれ落ちて形成されたもの。一方、古座川《こざがわ》の一枚岩は、比較的割れ目の少ない凝灰岩が流水による浸食を受け平らに削られたもの。一枚岩も虫喰岩もひと続きの同じ凝灰角礫岩《ぎょうかいかくれきがん》からできているが、浸食作用の違いによってこのような造形の違いが生じた。

［一枚岩］場所：和歌山県古座川町の古座川左岸に位置。アクセス：◆ JR 古座駅→町営バス (1 日 1 往復) で 30 分、「一枚岩」下車すぐ。◆車：阪和自動車道・南紀田辺 IC から国道 42·371 号経由で 2 時間 30 分。［虫喰岩］場所：和歌山県古座川町の南東部に位置。アクセス：◆ JR 古座駅→町営バスで 5 分、「古座川町役場」下車、徒歩 30 分。◆車：阪和自動車道・南紀田辺 IC から国道 42 号、県道 227 号経由で 2 時間 30 分。P からすぐ。問い合わせ：古座川町役場 0735-72-0180（一枚岩、虫喰岩ともに）

観察ポイント 虫喰岩は乾燥と塩分の析出によって岩石の表面がぼろぼろと粉末状にはがれることで形成される。虫喰岩の穴の中には、こうした岩の粉末がたまっている。一枚岩は流水によって削られた岩盤で、削られた岩くずは流水によって運びさられてしまったため、岩肌の表面にはほとんど岩くずが残っていない。

タフォニ　虫喰い状の穴は、乾燥と塩分の析出による風化作用によってつくられた。

虫喰岩　地上に露出した岩石に働く様々な風化浸食作用により多種多様な形の岩石がつくられる（2008.8.5）

古座川の一枚岩　節理の少ない岩石が流水によって削られ、岩くずが運搬された結果、高さ 100m にも及ぶ平らな岩壁がつくられた。

61 和歌山県

橋《はし》杭《ぐい》岩《いわ》

岩脈
流紋岩
新第三紀中新世
国天然記念物

マグマだまりの中のマグマの圧力が増加すると、周囲の岩盤に亀裂が発生し、マグマはその亀裂の中に流れ込みながら上昇する。このようなマグマで満たされた割れ目を岩脈《がんみゃく》という。岩脈の伸びる方向は、マグマが貫入したときに岩盤にかかっていた圧力が最も大きかった方向を示している。橋杭岩《はしぐいいわ》は、約1500万年前の大規模な火山活動によって形成された流紋岩《りゅうもんがん》の岩脈。岩脈が波によって崩壊し陸側に散在している。

場所：和歌山県串本町の熊野灘沿岸。
アクセス：◆JR串本駅→熊野交通バスで4分、「橋杭岩」下車すぐ。◆車：阪和自動車道・南紀田辺ICから国道42号経由で2時間10分。Pからすぐ。
問い合わせ：串本町役場 0735-62-0555

南北に伸びる橋杭岩岩脈は、1500万年前にこの付近の岩盤が南北に圧縮されていたことを示している（2008.8.5）

観察ポイント 橋杭岩の根元を見ると、マグマによって押し広げられた泥岩と、マグマが固まった流紋岩の境界を観察することができる。

橋杭岩岩脈は長さ約 850m 以上、厚さは最大 20m の比較的大規模な岩脈。

周辺の黒い泥岩　岩脈の母岩。岩脈よりも浸食に弱いため削られて平らな波食棚となっている。

岩脈をつくっている流紋岩が周辺の泥岩や砂岩よりも硬く浸食に強いため、岩脈の部分が削り残されて橋杭のような地形となった。

62 和歌山県

さらし首《くび》層《そう》

付加体
砂岩・泥岩
新第三紀中新世

田子《たこ》の浦《うら》の海岸には通称“さらし首層”という恐ろしげな名前の地層がある。波食棚上にごろごろと石が転がっている様からそう呼ばれている。3000 万～ 2000 万年前の地層で、泥岩の中に砂岩や礫岩《れきがん》などの角張ったブロックや礫が入っている。これまでは 4500 万～ 2200 万年前にできた四万十帯《しまんとたい》の付加体と考えられてきたが、付加体表層を覆っていた地層が海底地すべりで崩壊してできたものと思われる。

場所：和歌山県串本町の田子の浦海岸に位置。
アクセス：◆ JR 田子駅→徒歩 20 分。◆車：阪和自動車道・南紀田辺 IC から国道 42 号経由で 1 時間 40 分。駐車後すぐ。
問い合わせ：串本町役場 0735-62-0555

観察ポイント 田子駅前の海岸の波食棚上と、国道を東に行って富山トンネルの先の波食棚上が、ごろごろと岩石が転がっているのがわかりやすい。これら多くは、波で角礫のまわりの泥が先に浸食され、波食棚とつながって突き出ている。田子駅前では、正常な地層との境界があり、また角礫が西にゆるく傾く正常な地層の面になんとなく平行に並んでいて、堆積性であることが想像できる。干潮時の観察がおすすめ。

田子の浦海岸全景　海岸の波食棚にごろごろしている岩石がさらし首の由来（2009.12.4）

泥岩優勢な部分　大きな砂岩のブロックがないだけで、細かな角礫はたくさん含まれる。

波食棚から数多くの角礫やブロックが突き出ている。大きさは様々で、礫と言っても川で運搬されていないので丸くない。

砂岩のブロック　下半分は波食棚の泥岩に埋まっている。

礫岩のブロック　細かい亜円礫からなる。

63 和歌山県

滝《たき》の拝《はい》

浸食地形

砂岩

新第三紀中新世

国天然記念物

滝自体は小さいが、川底一面の砂岩に無数の甌穴《おうけつ》ができているのが見事。この川底の地層は 1800 万～ 1500 万年前に大陸棚でたまったもので、細粒の砂岩～シルト岩でできているため白っぽい。地層は 10 ～ 15 度で北ないし北北東に傾斜していて、滝の拝より北に行くと南東に少し傾くため、途中で地層がゆるく下に凸の形で褶曲《しゅうきょく》していると考えられている。

場所：和歌山県古座川町の小川地区に位置。古座川の支流小川の河床。

アクセス：◆ JR 古座駅→町営バス（1 日 1 往復）で 44 分、「滝の拝」下車すぐ。◆車：阪和自動車道・南紀田辺 IC から国道 42・371 号、県道 38・43 号経由で 2 時間 50 分。P からすぐ。

問い合わせ：古座川町役場 0735-72-0180

下流から見た滝の拝の地層。地層が上流（北）に向かって傾いているのがわかる（2008.8.5）

観察ポイント 甌穴は川の流れによってできた窪みに硬い岩石が入って、洪水の際の水の流れでぐるぐる回転して地層を削り込んだもの。このため甌穴の中にはふつう削り込んだ玉石が入っていることが多い。

後退する滝 川の流れが岩盤を削り、滝が後退していく。通常は筋のように削っていく。

玉石 水流によって玉石が岩を削り、甌穴をつくる。

滝の拝の甌穴群 丸く削られた甌穴が連結して複雑な形をなしている。

64 和歌山県

瀞《どろ》八《はっ》丁《ちょう》

付加体

砂岩・泥岩

白亜紀

国天然記念物

熊野川の支流北山川《きたやまがわ》の瀞峡《どろきょう》は、切れ込んだ峡谷になっているが、北山川自体は傾斜がゆるく曲がりくねっていて、新宮《しんぐう》市の河口から約 45km 上流の瀞八丁《どろはっちょう》でも標高は 60m ほど。その付近や上流は、両岸がそそり立った深い淵《ふち》で、8000 万～ 6500 万年前の付加体の地層が露出している。地下にある花崗岩の熱の影響で少し硬くなっているが、ホルンフェルスといえるほど鉱物の再結晶は進んでいない。

場所：和歌山県新宮市（飛び地）の瀞峡一帯。

アクセス：◆ JR 新宮駅→熊野交通バスで 32 分、「志古」下車→ウォータージェット船で往復 2 時間。◆車：京奈和自動車道・五條 IC から国道 168 号で志古乗船場まで 3 時間。

問い合わせ：新宮市役所 0735-23-3333

瀞峡　上流から奥瀞、上瀞、瀞八丁（下瀞）と呼ばれ、三重、奈良、和歌山（飛地）の県境が複雑に入り組んでいる（2009.12.5）

瀞八丁で主に見られる泥岩の地層。

観察ポイント 上流から瀞八丁を境に、川筋の景色が大きく異なる。瀞八丁付近は両岸の岩石が大変よく見え、泥岩にややひらひらした割れ目があるのも観察できる。瀞八丁を下ると川幅が広がって浅くなり、河原にたくさんの礫《れき》がたまっている。これは下流側の1600万～1500万年前の地層が瀞峡の付加体の岩石より軟らかいために、地形にコントラストができたのである。

瀞八丁　両側は切り立った崖が続く。

河原は上流から運ばれてきた礫で埋まっている。

瀞八丁下流の景観　川幅が広くなり、河原が広がる。このため浅い所でも進めるジェット船が使われている。

65 大阪府・奈良県

二《に》上《じょう》山《ざん》

火山岩

溶結凝灰岩・凝灰岩・サヌカイト

新第三紀中新世

約 1500 万年前、フィリピン海プレートの沈み込みが始まり、現在の瀬戸内海から西日本の太平洋側で活発な火山活動が発生した。二上山《にじょうざん》（標高 517m）付近でも激しい火山活動が起こり、火砕流《かさいりゅう》や溶岩を噴出した。二上山南側に見られる溶結凝灰岩《ようけつぎょうかいがん》は、安山岩～デイサイト質のマグマの爆発的噴火によって噴出した火砕流の堆積物。軟らかく加工しやすいため、古くから古墳の石棺や寺院の礎石などに多く利用されてきた。

場所：奈良県北西部、大阪府との境界付近に位置。
アクセス：◆近鉄南大阪線・二上神社口駅→徒歩 1 時間（雄岳山頂）。◆車：西名阪自動車道・柏原 IC から国道 165 号経由で 15 分、登山口から徒歩 1 時間 10 分。
問い合わせ：葛城市役所 0745-48-2811

観察ポイント 二上山周辺の凝灰岩にはガーネットが含まれていて、古くから研磨剤として利用されてきた。ガーネットは硬く比重が大きいので、しばしば川砂中に集まっている。二上山の渓流の川底でもガーネットの集まった砂を見つけることができるだろう。北部ではサヌカイトを産出する。

屯鶴峯《どんづるぼう》 県指定の天然記念物。二上山の火山活動によって形成された。凝灰岩の風化・浸食による独特の地形（2009.12.6）

石切場 軟らかく加工しやすい溶結凝灰岩は、奈良時代以前から広く採掘されてきた。二上山には古代の石切場が多数残されている。

鹿谷寺《ろくたんじ》跡の石塔 奈良時代以前に、凝灰岩の露頭をくりぬいてつくられたといわれる。

二上山 右が雄岳、左が雌岳。長年の浸食で火山体のうち硬い部分だけが残った地形。

66 兵庫県

六甲山《ろっこうさん》

活断層
花崗岩
白亜紀・第四紀
地質百選

花崗岩《かこうがん》のことを一般に御影石《みかげいし》と呼ぶが、六甲山《ろっこうさん》（標高 931m）のふもと神戸市東灘区《ひがしなだく》には「御影」の地名があり、花崗岩の石材名「御影石」はこの地名に由来する。ふもとを六甲—淡路活断層帯の活断層である諏訪山《すわやま》断層、五助橋《ごすけばし》断層が走り、その北西側が上昇しているため山になっている。六甲山系の摩耶山《まやさん》頂上から眺める夜景は函館、長崎とともに日本三大夜景に数えられているが、この夜景が見られるのもこれらの活断層のおかげ。

場所：兵庫県神戸市の東部に位置。
アクセス：◆阪急神戸線・六甲駅→阪急バスで「六甲山頂（記念碑台）」まで 25 分。◆車：中国自動車道・宝塚 IC から県道 16 号経由で山頂まで 30 分。
問い合わせ：神戸市役所 078-331-8181

観察ポイント 六甲花崗岩は、8000万～7000万年前に石英《せきえい》分に富むマグマが地下で固まったもので、石英、正長石《せいちょうせき》、斜長石《しゃちょうせき》、黒雲母《くろうんも》からなる典型的な花崗岩。断層の影響で断層沿いは節理が多く、そこから風化が進んでいる。節理の少ない花崗岩が丸く風化するのとは違った風景を見せる。

蓬莱峡《ほうらいきょう》 六甲山地東部にある。花崗岩の節理から風化が進む。風化して砂になったものを真砂《まさ》と呼ぶ（2009.5.9）

六甲山を南東側から遠望。山裾の活断層によって奥の六甲山塊が上昇。

風化した花崗岩 節理は多く、表面はもろい。

典型的な花崗岩の表面（原寸大）
ピンク色がカリ長石、やや色が暗く透明感のあるものが石英、白っぽいのが斜長石、ごま粒状が黒雲母。

風化した花崗岩がつくる尖塔《せんとう》。

67 京都府

天橋立《あまのはしだて》

砂州　完新世　地質百選

天橋立《あまのはしだて》は宮津《みやづ》湾と内海の阿蘇海《あそかい》を隔てる全長 3.6km の砂州である。河川から運ばれた砂、岩石海岸が削られてできた砂は、海岸に沿った流れ（沿岸流）と波の作用で砂州をつくる。天橋立ができて阿蘇海が海から隔てられたのは 2 ～ 3 千年前とされている。運ばれる砂の量、沿岸流や波の強さなどで砂州の形は変化する。歴史時代においては、川から運ばれる砂の量は、治水の状態や土地開発などで変化し、天橋立も形を変えてきた。

場所：京都府宮津市の宮津湾内に位置。
アクセス：◆北近畿タンゴ鉄道・天橋立駅→徒歩 10 分。◆車：京都縦貫自動車道・宮津天橋立 IC から 10 分。P から徒歩 5 分。
問い合わせ：宮津市役所 0772-22-2121

飛《ひ》龍観《りゅうかん》　南側からの眺めを指す。写真右側が宮津湾、左側が阿蘇海（2009.5.11）

観察ポイント 現在は山地での砂防が進んだことから、砂の供給を潮流による浸食が上回って天橋立はやせる傾向にある。砂州から宮津湾側に突き出した堤防のようなものは、砂の流出を食い止めるための堆砂堤である。

磯清水　名水百選にも選ばれたおいしい水。海にはさまれた砂州から淡水が湧くことは、平安時代から知られている。

天橋立の砂。

砂州の中の地下水は、海底からしみこむ海水の層の上に、雨水が上からしみこんだ淡水の層がほとんど混ざらずに重なる二層構造になっている。写真の森の地下には真水の層がある。

68 京都府

琴《こと》引《ひき》浜《はま》

鳴き砂　完新世　世界ジオパーク・国天然記念物

全長約1800mの琴引浜《ことひきはま》は、歩くと足元から「きゅっ」という音がする鳴き砂で知られる。この音は、砂粒同士がこすれあうときに発生するのだが、特にかかとから強く踏みつけると大きな音が出る。砂が鳴くためには、砂の中に植物片やゴミなど砂以外のものが少なく、砂の組成が均一で、一般には石英の比率が高いことが必要。地元では鳴き砂を守るために清掃活動を行っており、浜での喫煙、花火、キャンプは禁止されている。

場所：京都府京丹後市の日本海沿岸に位置。
アクセス：◆北近畿タンゴ鉄道・網野駅→丹後海陸交通バスで15分、「琴引浜」下車、徒歩15分。◆車：京都縦貫自動車道・宮津天橋立ICから国道178・312号、広域農道経由で50分。Pから3分。
問い合わせ：京丹後市役所0772-72-0780

観察ポイント 琴引浜の砂は、まわりの山にある花崗岩が風化した砂と、海岸近くの丘にある砂丘の砂が川で海に運ばれたもので、粒の揃った砂である。高波でよく洗われたあとに良い音が鳴る。また、足を砂浜にこするように歩くと音が出やすい。

静かで美しい琴引浜の全景
（2009.5.11）

鳴き砂　波に洗われ、粒のよく揃った砂なので、砂同士がこすれると鳴くように聞こえる。

冬には強い波が押し寄せ、砂粒がこすりあわされ磨かれ、良い音で鳴るようになる。

この砂浜には分厚く砂がたまっているわけではなく、砂の下にある約 1500 万年前の地層がところどころ顔を出している。

69 兵庫県

玄武洞《げんぶどう》

柱状節理　玄武岩　第四紀　世界ジオパーク・国天然記念物

約160万年前の噴火でできた玄武岩《げんぶがん》。溶岩が冷え固まる際に体積の減少に伴ってできた規則正しい割れ目、柱状節理《ちゅうじょうせつり》が発達し、それに垂直に等間隔の板状《ばんじょう》節理が発達する。玄武洞が洞窟状の地形になったのは、この板状節理がよく発達する部分を石材として採取したためである。玄武洞の名前は伝説上の守り神「玄武」に由来し、この玄武洞の名をとって岩石名 basalt の和名が玄武岩とされた。

場所：兵庫県豊岡市の円山川右岸付近に位置。
アクセス：◆JR豊岡駅→全但バスで12分、「玄武洞」下車、徒歩5分。◆車：但馬連絡道路・和田山ICから国道9･312号、県道548号経由で1時間15分。Pから徒歩5分。
問い合わせ：豊岡市役所 0796-23-1111

観察ポイント 玄武洞で後ろを振り返って地形を見ると、玄武洞の玄武岩が豊岡盆地の出口を狭めた様子が見える。このために豊岡盆地には湿地帯が広がり、湿地を好むコウノトリが日本で最後まで生息していた。玄武洞と豊岡盆地のこの関係は、地質と生態系の関わりを示す良い例である。なお、玄武洞周辺は、玄武洞公園として整備され、青龍洞《せいりゅうどう》などいくつかの洞窟も観察できる。

玄武洞の全景　高さ35m、幅70mにもわたり、見事な柱状節理が見られる（2009.5.12）

青龍洞　15mもの長さの柱状節理が現存。屈曲しているものもある。

六角柱はさらに板状に割れ、石材として重宝された。今は天然記念物で採取禁止である。

柱状節理は溶岩が冷えていった方向を示す。断面は六角形で、ほとんどが同じ大きさに揃っている。

70 兵庫県・鳥取県

山《さん》陰《いん》海《かい》岸《がん》

海食崖・浸食地形

花崗岩・火山岩

古第三紀・新第三紀

世界ジオパーク・国天然記念物・地質百選

浦富《うらどめ》海岸から竹野海岸にかけての山陰《さんいん》海岸には、日本海の季節風と荒波がつくった岩石海岸が続く。約 100 万年前以降の地球は、寒くて海水面が今より約 100 m 低い氷期と、今のように暖かく海水面が高い間氷期を繰り返してきた。氷期に深く

刻まれた谷が、間氷期になると入り江となり、氷期の尾根は間氷期には岩石海岸になる。この岩石海岸と入り江の繰り返しが山陰海岸の景観の特徴。岩石海岸で削られた石は細かく砕けて入江の浜の砂利になる。

花崗岩の岩礁が続く浦富海岸（2009.5.15）

観察ポイント　＜浦富《うらどめ》海岸〜但馬《たじま》御《み》火浦《ほのうら》＞山陰海岸の岩石は、日本列島がユーラシア大陸の一部だったときのものと、日本列島が大陸から分離しはじめた後のものに大きくわけられる。花崗岩《かこうがん》は前者で、ユーラシア大陸の地下でマグマが固まってできた岩石。浦富海岸の花崗岩の岩礁が三角錐状になっているのは、地下深くでできた花崗岩の中に、地下の圧力で斜めに交わる割れ目がたくさんできたからである。三角錐の面の向く方向がどれもほとんど同じことに注目しよう。

浦富海岸では、三角錐状の花崗岩が連なる。

千貫松島《せんがんまつしま》　岩の根元の割れ目を波がえぐってできた洞門。浦富海岸の西端に位置する。花崗岩。

田《た》井《い》ノ《の》浜《はま》　但馬御火浦西端のこの海岸には、花崗岩の玉石が転がっている。冬の波が強いため大きな玉石が打ち上げられる。奥は花崗岩。

三《み》尾《お》大島《おおしま》　流紋岩《りゅうもんがん》溶岩でできた島。この溶岩は日本海ができた時期よりもずっと後の約 300 万～ 200 万年前のもので、但馬御火浦の石の中では新しい。柱状節理が発達している。

場所：兵庫県北部から鳥取県岩美町の日本海沿岸の浦富海岸、但馬御火浦など。
アクセス：◆ JR 岩美駅→日本交通バスで 13 分、「網代」下車、網代新港→遊覧船で周遊 40 分。◆車：鳥取自動車道・鳥取 IC から国道 29･9 号経由で網代まで 20 分。
問い合わせ：岩美町役場 0857-73-1411

観察ポイント ＜香住《かすみ》海岸〜竹野海岸＞ユーラシア大陸が裂けて日本列島が分離し、間に日本海ができるときには、活発な火山活動が起こった。このときできた玄武岩《げんぶがん》、安山岩《あんざんがん》、デイサイト、流紋岩《りゅうもんがん》（この順番に黒から白っぽい色になる）が山陰海岸に広く見られる。柱状節理《ちゅうじょうせつり》が発達した溶岩、火山灰層、火砕《かさい》流でできた溶岩の大きな塊が入った地層などが遊覧船から観察できる。新温泉町の山陰海岸ジオパーク館、岩美町の山陰海岸学習館（ともに、前ページ地図参照）で岩石標本を見て、見わけ方を学んでから遊覧船に乗るとよいだろう。

鷹《たか》の巣島《すじま》　柱状節理が発達した島。鷹の巣島と鎧の袖は、ともに流紋岩、デイサイトでできていて明るい色をしている。

鎧《よろい》の袖《そで》　柱状節理が発達する高さ 65m の岩壁。

大《おお》引《び》きの鼻《はな》　展望台から見た黒島（中央）・白石島（右）。溶岩や凝灰角礫岩《ぎょうかいかくれきがん》の岩礁が続く。

ハサカリ岩　洞門状の岩の天井が落ちて挟まったといわれる。大陸が割れ始めた頃に、大陸が裂けてできた窪みにたまった礫岩の地層。白く見えるのは大きな花《か》崗《こう》岩《がん》礫《れき》。

象の足跡化石　大陸が割れ始めた頃にできた湖の岸にたまった地層の中に、動物の足跡が残されている。猫崎で観察できる。（撮影:渡辺真人）

場所：兵庫県北部、日本海沿岸に連なる香住海岸や竹野海岸など。
アクセス：◆JR 香住駅→タクシー 5 分で香住港→遊覧船で周遊（30 分～ 2 時間）。◆車：播但連絡道路・和田山 IC から国道 9･312･178 号経由で、香住港まで 1 時間 45 分。
問い合わせ：遊覧船かすみ丸 0796-36-0571

71 鳥取県

鳥取砂丘《とっとりさきゅう》

砂丘

第四紀

世界ジオパーク・国天然記念物・地質百選

千代川《せんだいがわ》が花崗岩《かこうがん》の山から運んだ砂が波で打ち上げられ、風で運ばれて砂丘になった。鳥取砂丘の特徴は大きな高低差。スリバチと呼ばれる窪地と砂丘の間の高低差は 40 m以上。鳥取砂丘は、約 10 万年前にはできていた古砂丘の上にさらに砂が積もった二階建てである。古砂丘ができた後に海面の低い氷期になり、海岸線は今よりずっと沖にあった。海面が今の高さになり海岸線がほぼ今の位置に来て、再び砂が積み重なっていった。

場所：鳥取県鳥取市の日本海沿岸に位置。

アクセス：◆ JR 鳥取駅→日本交通バスあるいは日の丸自動車バスで 22 分、「鳥取砂丘」下車、徒歩 5 分。◆車：鳥取自動車道・鳥取 IC から国道 29・9 号、県道 265 号経由で 10 分。

問い合わせ：鳥取市役所 0857-22-8111

観察ポイント 風速5～6mの風のときに砂が動いてできる「風紋《ふうもん》」をよく見ると、風上側がゆるい斜面、風下側が急斜面になっている。砂丘も同じだ。鳥取砂丘ジオパークセンターには「風紋発生風洞《ふうどう》」という実験装置があり、風紋ができる様子が観察できる。

鳥取砂丘。写真左手にスリバチと呼ばれる窪地がある（2009.5.15）

風紋　まさに自然美と言える砂丘の景色。

スリバチの底には季節によっては湧水がある。

古砂丘と現在の砂丘の間の火山灰をはさむ地層。氷期にはこの場所は海から離れた台地となっていて、大山《だいせん》などの火山から飛んできた火山灰がたまった。

72 島根県

隠《お》岐《き》諸《しょ》島《とう》

カルデラ・海食崖

アルカリ火山岩

新第三紀中新世・鮮新世

日本ジオパーク・国天然記念物・地質百選

隠《お》岐《き》諸《しょ》島《とう》は、日本列島がユーラシア大陸から分離したときに、日本海の中に取り残された大陸の大きな破片の上に、火山が噴出してできた島々。島根半島の北 40 ～ 80km の日本海に位置

し、島前《どうぜん》と呼ばれる知夫里島《ちぶりじま》、中ノ島《なかのしま》、西《にし》ノ島《のしま》の３つの島と大きな島の島後《どうご》に大きくわかれる。

知夫里島の赤壁《せきへき》　噴火のときに、岩石中の鉄分が酸化して赤い色になった（2008.10.14）

観察ポイント ＜島前《どうぜん》＞島前は、約 600 万年前の火山活動がつくったカルデラ。西ノ島、中ノ島と知夫里島《ちぶりじま》が外輪山をなし、溶岩流が積み重なって山ができている。山の中央部が沈んでカルデラができた後、その中で爆発的な噴火が起こって出現した中央火口丘が、西ノ島の焼《たく》火山《ひやま》（標高 452m）。600 万年もの間浸食されたため、島前の海岸では火山の中身がよく見えている。

西ノ島南部から北東方面の眺め。カルデラの内側は海になっており、この海を囲む島々が外輪山である。

国賀《くにが》海岸の摩天崖《まてんがい》　厚さ数 m のアルカリ玄武岩溶岩が積み重なってできている、高さ 200m 以上の断崖。

国賀海岸の通天橋《つうてんきょう》　黒ないし赤茶色の岩の中に、白っぽい岩が不規則に挟まっているのが見える。これは黒っぽいアルカリ玄武岩溶岩が噴出して固まった後、そこへ白っぽい粗面《そめん》安山岩溶岩《あんざんがんようがん》が貫入してできた証。

場所：島根県隠岐島の島前に位置。
アクセス：◆ JR 境港駅隣接の境港→隠岐汽船（高速船・冬期運休）で別府港まで 2 時間 10 分（西郷港経由）。◆車：米子自動車道・米子 IC から国道 431 号経由で 50 分。七類港から隠岐汽船（フェリー）で別府港まで 2 時間 35 分。
問い合わせ：西ノ島町役場 08514-6-0101

観察ポイント　＜島後《どうご》＞島後には、ユーラシア大陸の大地の一部だった約２億5000万年前の片麻岩《へんまがん》があり、その上に大陸の湖でできた地層、海底にたまった地層、火山の噴出によってできた岩石や地層が重なっており、島前より多様な地質で構成されている。本ページの写真の地形は、600万年より新しい岩石、地層でできている。

鎧岩《よろいいわ》　柱状節理が発達する明るい色の粗面岩が固まって上に窪みができ、そこに黒っぽい色の玄武岩が流れて固まった。玄武岩が周りから冷えて中央に向かって柱状節理が伸びている。

ローソク岩　波の浸食作用がつくった造形。粗面岩が柱状節理に沿って崩れて行ってローソク状の形が残った。この岩のとがった部分に夕日が落ちる写真を撮りに多くのカメラマンが集まる。

白島《しらしま》海岸　島後の西部はアルカリ流紋岩の溶岩流に広く覆われている。真っ白な流紋岩を近くで見ると、マグマが流動したときにでき、縞状の流理構造が見える。

場所：島根県隠岐島の島後に位置。
アクセス：◆JR境港駅隣接の境港→隠岐汽船（高速船・冬期運休）で西郷港まで１時間30分。◆車：米子自動車道・米子ICから国道431号経由で50分。七類港から隠岐汽船（フェリー）で西郷港まで２時間25分。
問い合わせ：隠岐の島町役場 08512-2-2111

73 島根県

立《たち》久《く》恵《え》峡《きょう》

浸食地形

安山岩・デイサイト

新第三紀中新世

国天然記念物

火山でできた岩石を川が削ってできた渓谷、岩壁。付近の山々は火砕岩《かさいがん》と溶岩でできている。約 1400 万年前の海底での火山活動で安山岩《あんざんがん》・デイサイトの溶岩が噴出し、その一部は海水で急冷し砕けて火砕岩となった。当時この辺りは浅い海であったと考えられている。川による浸食に加え、溶岩の中に発達する割れ目に沿って岩石が割れたり、雨水で浸食されたりして、今見られるような岩塔群ができた。

場所：島根県出雲市の神戸川中流左岸に位置。

アクセス：◆ JR 出雲市駅→一畑バスで 25 分、「立久恵峡」下車、徒歩すぐ。◆車：山陰自動車道・出雲 IC から県道 162 号、国道 184 号経由で 15 分。

問い合わせ：出雲市役所 0853-21-2211

観察ポイント 溶岩やそれが砕けて固まった火砕岩は、河川や海の浸食で垂直な崖をつくる。岩石の微妙な硬さの違いや割れ目の入り方の違いによって削られやすさが異なるため、削られ残った岩が様々な形になって「奇岩」と呼ばれる。日本列島には火山の噴火でできた岩石が各地にあり、こうした崖と奇岩の景観をつくっている。

神戸川《かんどがわ》沿いに高さ 100 ～ 150m の岩壁が 2km にわたって続く（2009.11.15）

割れた溶岩が集まって石になった火砕岩。

日当たりの良い断崖は紅葉が美しい。

風化と浸食で塔のようになっている。岩石中の割れ目に沿って浸食が進み、崖にたくさんの溝が入り、残った部分が柱状になった。

74 島根県

石見銀山《いわみぎんざん》

鉱山　デイサイト　第四紀　世界文化遺産・地質百選

2007年に世界文化遺産に登録された石見銀山《いわみぎんざん》は、仙山《せんのやま》とその周辺の地下に分布する銀主体の鉱山。間歩《まぶ》と呼ばれる坑口が多数存在する。1300年頃に発見され、1500年代に製錬技術の向上で銀産出量は飛躍的に増大した。鉱床は仙山西側谷沿いの永久鉱床（銅及び銀）と仙山頂上東側の福石鉱床《ふくいしこうしょう》（主に銀）にわけられる。これらは180万年前頃の火山活動で仙山の火山噴出物ができたときに、地下で高温の水が循環して形成された。

場所：島根県大田市の南西部に位置。
アクセス：◆JR大田市駅→岩見交通バスで33分、「大森代官所跡」下車、徒歩5~45分。◆車：山陰自動車道・斐川ICから国道9･375号、県道46号経由で1時間30分。
問い合わせ：石見銀山世界遺産センター 0854-89-0183

竜源寺間歩（永久鉱床）　仙山西側谷沿いに現存。天井から縦に鉱脈がのぞく（2009.6.3）

石見銀山の銀鉱石
銀の硫化物だけでなく、自然銀を含んでいたことでも知られている。

観察ポイント　はじめ福石鉱床が採掘され、その後鉱山の中心は現在唯一公開されている竜源《りゅうげん》寺《じ》間歩のある永久鉱床に移った。竜源寺間歩では、銀などの元素の濃集が起きていた180万年前の火山の地下を歩くことになる。石見銀山を散策しながら、数百年前から先人が大地の恵みを利用してきた知恵や苦労を知ってほしい。

要害山《ようがいざん》　大内義隆《おおうちよしたか》により山吹城《やまぶきじょう》が築かれ、銀山支配の拠点となった。ふもとに永久鉱床がある。

竜源寺間歩（永久鉱床）の坑道。

清水谷《しみずだに》精錬所跡　1895年に建設されたが、操業はわずか1年半だった。

75 岡山県

神《かん》庭《ば》の滝《たき》

滝・付加体
珪長質凝灰岩
ペルム紀

高さ 110 m、幅 20 mの神庭《かんば》の滝は、およそ 2 億 6000 万年前にできた付加体に含まれる珪長質凝灰岩《けいちょうしつぎょうかいがん》の岩体でできている。この岩石は付加体ができる直前に海溝付近でたまった石英分に富む火山灰が固まったもので、大変硬い。一方、滝の上にはこの付加体より古いと考えられる蛇紋岩《じゃもんがん》があり、珪長質凝灰岩より軟らかいため、その硬さの違いで浸食が生じ、滝が生まれたとされる。

場所：岡山県真庭市の中央部に位置。
アクセス：◆ JR 中国勝山駅→タクシーで 10 分。◆車：米子自動車道・久世 IC から国道 181・313 号、県道 201 号経由で 25 分。P から徒歩 10 分。
問い合わせ：真庭市役所 0867-42-1111

観察ポイント 遊歩道の通行料をかけても、ぜひ見たい滝。下流の鬼の穴は、神庭の滝と同じおよそ2億6000万年前の付加体に含まれる巨大な石灰岩の岩体で、3億1000万～2億6500万年前に海洋島の上で生物の遺骸がたまってできたもの。珪長質凝灰岩とはまったく異なる起源のものがプレートの沈み込みによって最終的にひとつの地層になってしまうのが付加体の特徴のひとつでもある。

遊歩道から望む。

周囲の地層より硬いものがあると、浸食の差が生じて滝ができる典型的なパターン（2009.11.10）

約2億6000万年前の付加体に含まれる珪長質凝灰岩の岩体でできた滝。

鬼の穴　石灰岩の岩体が浸食されてできた洞穴。神庭の滝下流にある。

76 広島県

帝釈峡《たいしゃくきょう》の雄橋《おんばし》

カルスト地形

石灰岩

石炭紀〜ペルム紀

国天然記念物

3億1000万〜2億6500万年前の石灰岩が溶食されたカルスト台地の帝釈台《たいしゃくだい》は、80秋吉台《あきよしだい》、95平尾台《ひらおだい》同様、海洋プレート上の海洋島の上にできた生物礁が、プレートの運動によっておよそ2億6000万年前に大陸の縁に付加したもの。そこに刻まれた全長20kmの峡谷が帝釈峡。3億2000万〜3億年前の石灰岩が浸食されてできた「雄橋《おんばし》」は谷最大の見どころ。近辺に多数の鍾乳洞があることで有名だが、白雲洞《はくうんどう》は特におすすめ。

場所：広島県庄原市の東南部に位置。
アクセス：◆JR東城駅→備北交通バスで22分、「帝釈」下車、徒歩20分。◆車：中国自動車道・東城ICから県道23号経由で20分。Pから徒歩20分。
問い合わせ：庄原市役所 0824-73-1111

雄橋　上流から望む。昔の人は上を通行したといわれているが、今はくぐる（2009.11.14）

観察ポイント 雄橋は川の浸食によってできた長さ 90m、幅 19m、高さ 40m の天然橋で、世界三大天然橋のひとつ。河川の水が長年にわたって石灰岩を物理的、化学的に浸食することによって形成された。自然の石橋ならではの美しさと雄大さを堪能できる。

下流側から見た雄橋。

雄橋の石灰岩にできた穴。石灰岩は雨水などで化学的にも溶けていく。

左岸側から見た雄橋の裏側。

77

広島県

久井《くい》の岩海《がんかい》

風化地形

花崗閃緑岩

白亜紀・現世

国天然記念物・地質百選

宇根山《うねやま》(標高 699m) の南東麓の谷を埋めた花崗閃緑岩《かこうせんりょくがん》の岩塊群。節理に沿って 9000 万～ 8000 万年前の花崗閃緑岩が風化し、残った芯の部分が傾斜のゆるい谷沿いに帯状にたまったもの。銭亀《ぜにがめ》ごうろ、中ごうろ、大ごうろなどと呼ばれ、最も大きいもので幅 100m、長さ 350m。谷の水が岩海の下を流れるため、耳を澄ますと水の音が聞こえるところがある。北北東 15km 弱にある矢野の岩海とともに、国の天然記念物。

場所：広島県三原市の北東端、宇根山南麓に位置。

アクセス：◆ JR 三原駅→中国バスで 40 分、「江木」下車、徒歩 1 時間 15 分。◆車：山陽自動車道・三原久井 IC から県道 25・156 号経由で 20 分。P から徒歩 5 分（周遊 1 時間）。

問い合わせ：三原市役所 0848-64-2111

傾斜のゆるい谷間 22ha に及んで直径 1 ～ 7m の巨岩が、帯状に分布（2009.6.5）

観察ポイント 花崗岩や花崗閃緑岩のような、粗くて白い結晶が多い岩石は、降水の影響などで風化しやすい。特に角張ったところから風化して、丸くなっていく。

直線的に入った亀裂。

鱗脱現象《りんだつげんしょう》　丸い岩の表面は皮がむけるように風化していく。

割れたそれぞれが丸い岩になっていく。この岩塊の高さは約 5m。

78 広島県

三段峡《さんだんきょう》の竜門《りゅうもん》

渓谷

溶結凝灰岩

白亜紀

三段峡は、柴木川《しばきがわ》にある長さ 16km の渓谷。整備された遊歩道で散策できる。竜門《りゅうもん》付近から上流側の樽床《たるどこ》ダムまでが斑状花《はんじょうか》崗岩《こうがん》、下流側は流紋岩溶結凝灰岩《りゅうもんがんようけつぎょうかいがん》からなる。この地域の流紋岩溶結凝灰岩は、島根県南西部から広島、山口県境にかけて細長く分布する匹見《ひきみ》層群の一部で、約 1 億年前に噴出した。また、斑状花崗岩は、溶結凝灰岩を噴出させたマグマの一部が、溶結凝灰岩がまだ熱いうちに上昇してきて固まったもの。

場所：広島県北広島町の西南端、聖湖下流に位置。

アクセス：◆ JR 広島駅→広島電鉄（高速）バスで 1 時間 40 分、「いこいの村入口」下車、徒歩 40 分。◆車：中国自動車道・戸河内 IC から国道 191 号経由で 45 分。P から徒歩 10 分。

問い合わせ：北広島町役場 050-5812-2111

竜門　落差 5m の滝を上流側から見たところ。右に急傾斜した節理が下流奥まで続く（2009.6.2）

観察ポイント 匹見層群は、もともと北東～南西方向の断層に沿った窪地にたまったものと考えられているが、同方向の新しい断層もあり、いつできた地質構造かの判断には注意がいる。岩石には節理が発達するが、断層に伴う一定方向の節理と、溶結凝灰岩の冷却による節理の 2 種類がある。

三ツ滝　竜門より上流のこの辺りには、斑状花崗岩が見られる。

竜門の柱状節理　左岸側の流紋岩溶結凝灰岩の節理を上から望む。

下流側から見た竜門　両岸に流紋岩溶結凝灰岩の節理がそそり立つ。

79

山口県

高山《こうやま》と須佐湾《すさわん》

接触変成作用・浸食地形

ホルンフェルス・斑れい岩

新第三紀中新世

国天然記念物・地質百選

須佐湾《すさわん》の畳岩《たたみいわ》は、1500 万年前頃にたまった砂岩泥岩互層が 1400 万年前頃の高山《こうやま》斑れい岩のマグマの熱で焼けて再結晶し、ホルンフェルス（接触変成岩《せっしょくへんせいがん》）になったもの。焼けて硬くなったため波の浸食に強く、切り立った崖を維持している。高山（標高 533m）山頂の斑れい岩は周囲の斑れい岩に比べて特別に強い磁気を帯びていることで有名。落雷によって磁鉄鉱が二次的に磁気を帯びたという説がある。

場所：山口県萩市北端の日本海沿岸に位置。

アクセス：◆ JR 須佐駅→タクシーで 10 分。下車後、徒歩 7 分。◆車：中国自動車道・鹿野 IC から国道 315 号経由で 2 時間。高山山頂へはさらに車で 20 分。

問い合わせ：萩市役所 0838-25-3131

須佐湾の畳岩　接触変成を受けて硬くなった砂岩（白色）と泥岩（黒色）の互層が見事（2007.6.1）

観察ポイント ホルンフェルスになった砂岩泥岩互層は、泥のたまっていた所に洪水などで何度も砂が運ばれてきてできたと考えられ、その断面は鑑賞に値するほど見事。高山の頂上部では斑れい岩の岩石を観察するとともに、方位磁石を置いてみると、場所によって方位が変わるのがわかる。

高山山頂の斑れい岩　表面は赤茶色に風化しているが、花崗岩に比べれば風化・浸食に強い。

高山山頂の斑れい岩の上に方位磁石を置くと、向きが変わり、必ずしも北を指さない。

高山斑れい岩の表面　白っぽい部分は斜長石、色の濃い部分は普通輝石が多い。

江崎港から見た高山　1400 万年前頃の石英分の少ないマグマだまりが固まったもの。

80 山口県

秋吉台《あきよしだい》

カルスト地形・鍾乳洞

石灰岩

石炭紀～ペルム紀

特別天然記念物・地質百選

総面積 $54km^2$ の日本最大のカルスト台地。多数の鍾乳洞がある。この石灰岩は、海洋プレート上の海洋島の上にできた3億1000万～2億6500万年前の生物礁が、およそ2億6000万年前に大陸の縁に付加したもの。東台の石灰岩は、1920年代に石灰岩層が地殻変動で折れ曲がって上下が逆転しているとして有名に。しかしそうではなく、付加する直前に海洋島上の石灰岩が崩壊しただけと近年判明した。

場所：山口県美祢市《みねし》の東部一帯に位置。
アクセス：◆JR美祢駅→サンデン交通バスで「秋芳洞」まで25分。◆車：中国自動車道・美祢ICから国道435号、県道32号経由で20分。
問い合わせ：美祢市役所 0837-52-1110

観察ポイント 石灰岩が溶食されてできた穴（ドリーネ）や、石灰岩柱（ピナクル）が林立するカッレンフェルトが独特の景観をつくる。秋吉台は秋芳洞《あきよしどう》とは別に特別天然記念物に指定され、秋吉台科学博物館、カルスト展望台をめぐる遊歩道が整備され、広大な景観を堪能できる。秋芳洞のほかに、大正洞《たいしょうどう》、中尾洞《なかおどう》、景清洞《かげきよどう》など450もの鍾乳洞があるといわれている。

ドリーネ　雨水が石灰岩を溶かしながら地下に浸透する過程で周囲の石灰岩を溶かすためにできる漏斗《ろうと》のような丸い穴。カルスト地形のひとつ。

ピナクルが林立するカッレンフェルト（2009.6.1）

秋芳洞の百枚皿　リムストーンプールと呼ばれる。石灰岩を溶かした地下水から石灰分が析出して、リム（畦）をつくって成長する。世界的にも有名。

秋芳洞　日本屈指の大鍾乳洞で、秋吉台では最大。総延長8.7kmのうち、1kmを見学できる。

81 山口県

網代《あじろ》ノ《の》鼻《はな》の赤色層《せきしょくそう》

陸成層

礫岩・砂岩

白亜紀

本州西端の下関市周辺には、1億2500万～1億年前に陸上で堆積した関門層群と呼ばれる地層が露出している。なかでも、主に礫岩・砂岩からなり、泥岩を伴う地層は、赤色層を含むのが特徴的である。これはもともと火山起源で鉄分の多い堆積物が、陸上の酸化的な環境で堆積したために、含まれている鉄分が酸化して赤色になったもの。海中でたまった地層の多い日本にあって、陸上でできた赤色層は関門層群が有名で、恐竜化石を含むことでも知られている。

場所：山口県下関市の南西部、響灘沿岸に位置。
アクセス：◆JR吉見駅→徒歩45分。◆車：中国自動車道・下関ICから国道191号経由で30分。駐車後、徒歩15分。
問い合わせ：下関市役所 083-231-1111

観察ポイント 日本では深海底で堆積した泥岩やチャートの中に赤色を示すものもあるが、陸上の酸化環境で堆積したものでは、関門層群が有名。ヨーロッパでは 4 億年前頃 (デボン紀)、2 億 5000 万年前頃 (ペルム紀～三畳《さんじょう》紀《き》) の赤色砂岩が有名。赤色層は、網代ノ鼻北側に行って観察するとよい。

海岸沿いに露出する赤色の礫岩や砂岩。網代ノ鼻周辺では南に傾く（2009.5.31）

海水に洗われると表面での光の反射が抑えられて鮮やかな赤色に。

赤色の礫岩 基質の細粒部が堆積時に酸化して赤くなる。

層状の赤色層。細粒部が特に赤い。

層状の赤色層 網代ノ鼻の北端に見られる。南に傾斜している層状の赤色層がよくわかる。

82
香川県

屋島《やしま》

浸食地形
安山岩
新第三紀中新世
国天然記念物

高松市の屋島《やしま》や坂出市《さかいでし》の五色台《ごしきだい》は、今から 1500 万年前に瀬戸内海沿岸で起こった火山活動で形成された火山の残骸。厚く広がった溶岩は硬く浸食に強いので、周りが浸食されてテーブル状の山として残された。屋島に見られるこのような地形をメサと呼ぶ。屋島や五色台では緻密《ちみつ》なサヌカイトと呼ばれる安山岩が産出する。サヌカイトは硬く鋭利な割れ目をつくるので石器として広く使われた。日本では他に、65二上山で産出する。

場所：香川県高松市の北部、瀬戸内海沿岸に位置。
アクセス：◆ JR 屋島駅→ことでんバスで「屋島山上」まで 18 分。◆車：高松自動車道・高松東 IC から県道 30 号、屋島ドライブウェイ経由で 15 分。
問い合わせ：高松市役所 087-839-2011

観察ポイント 屋島の山頂部分は、厚い安山岩溶岩からなる。山腹は上から崩れてきた安山岩の岩くずで覆われているが、よく探すと安山岩の中に閉じ込められた花崗岩の露頭を見つけることができるだろう。

サヌカイト　讃岐石とも呼ばれる。安山岩の仲間で、ごく細かい結晶でできているため緻密で硬く、叩くと金属音を発する。

山頂部が平らな屋島の地形は、浸食に弱い花崗岩を覆った安山岩溶岩が浸食に取り残されてつくられた（2009.4.10）

山頂部に見える切り立った崖は安山岩溶岩からなる。

83 徳島県

阿波《あわ》の土柱《どちゅう》

浸食地形

砂・礫

第四紀

国天然記念物・地質百選

砂や礫《れき》の層が雨風で浸食されてできた柱状の地形。土柱は、吉野川に面した徳島－香川県境の阿讃《あさん》山地の南麓にある。阿讃山地は砂岩、泥岩からなる8300万～6500万年前の和泉層群からできている。土柱をつくっている砂礫層は、この阿讃山地から流れ出る川が扇状地をつくりながらためた約100万年前の地層。この地層は、地質学的に新しく軟らかいので浸食されやすく、残った部分が柱状の地形となった。

場所：徳島県阿波市の西部に位置。
アクセス：◆JR学駅→市場バス（1日2往復）で30分、「土柱」下車、徒歩10分。◆車：徳島自動車道脇町ICから国道193号、県道12・139・198号経由で15分。Pから徒歩5分。
問い合わせ：阿波市役所 0883-35-4111

波《は》濤嶽《とうがだけ》　国の天然記念物。南北幅 90m、東西幅 50m、高さ 13m にも及ぶ最大規模。ほかに扇嶽、橘嶽など 5 つあり、6 嶽を総称して阿波の土柱という（2009.4.11）

観察ポイント 吉野川は中央構造線の南側の三波川《さんばがわ》変成岩《へんせいがん》の中を流れてきており、その河原には緑色の変成岩の礫がたくさんある。ところが、土柱をつくる地層の多くは、この変成岩の礫ではなく、阿讃山地の和泉層群の砂岩、泥岩の礫を含むので、阿讃山地から流れ出る川の扇状地がためた地層であることがわかる。なお、一部には吉野川がためた変成岩を含む地層もある。

遊歩道で土柱を上から見ることもできる。

柱の頂部をつくっている礫層。

地層はほぼ水平にたまっていて、礫の多い層、砂の多い層が重なっている。

四《し》国《こく》の中《ちゅう》央《おう》構《こう》造《ぞう》線《せん》

活断層

白亜紀～第四紀

中央構造線は約 8300 万年前から活動し、関東平野の地下から㊻南アルプスの大鹿村、紀伊半島、四国北部、㊿砥部《とべ》衝上《しょうじょう》断層を通り九州東縁まで続く大きな地質境界の断層。四国の中央構造線の多くは北側の 8300 万～ 6500 万年前に海でたまった和泉《いずみ》層群と、南側の 8000 万～ 6000 万年前の三波川《さんばがわ》変成岩《へんせいがん》類（高圧型）との境界で、活断層の部分が多い。徳島県の吉野川流域では、河岸段丘《かがんだんきゅう》の直線的な段差など地形的にも活断層であることが明瞭。右ずれ成分と北側が上昇する逆断層成分をもつ。

場所：徳島県三好市の吉野川沿岸に位置。
アクセス：❶◆ JR 阿波池田駅→徒歩 10 分（池田高校の南側）◆車：徳島自動車道・井川池田 IC から国道 32・192 号経由で 5 分。❷◆車：井川池田 IC から国道 32 号、県道 12 号経由で 20 分。P からすぐ。
問い合わせ：三好市役所 0883-72-7600

三好市池田の北西方、馬場東一西山浜から南東向きに撮影。吉野川は手前から奥に流れる。池田ダムの南側（右側）の池田小、中、高のある台地は、その右を走る中央構造線（池田断層）によって隆起。通常の河岸段丘と異なり、川沿いの方が高く、台地の右手の阿波池田駅付近は低い（2009.4.17）

観察ポイント 三好市《みよしし》市街（旧池田町）では中央構造線の現在の活断層としての運動方向が段丘面の変位からわかる（北側が上昇）。また、三好市三野町《みのちょう》の中央構造線の露頭では、和泉層群と三波川変成岩類がすりつぶされて粘土化しているところ（太刀《たち》野露頭《のろとう》）が観察できる。

中央構造線の露頭（太刀野露頭） 三好市役所より12kmほど下流で道の駅三野の吉野川左岸。看板の右（南）側が三波川変成岩類、左側は和泉層群。断層面は北に高角に傾く。

断層粘土 白い方が和泉層群の砂岩、黒い方が三波川変成岩類、それぞれすりつぶされて粘土化したもの。

三好市池田（旧池田町）の西方、徳島自動車道白地トンネルの上付近から東向きに撮影。矢印間を中央構造線が通る。断層と吉野川右岸の台地との関係に注目。

85
徳島県

土釜《どがま》

変成岩
結晶片岩
白亜紀
県天然記念物

吉野川の支流、貞光川《さだみつがわ》の流れによって緑色片岩《りょくしょくへんがん》がえぐられてできた峡谷。数段の滝と釜状の滝壺、うす緑色の岩石が峡谷美をつくる。滝壺が釜の形に似ていることからこの名前がついた。この周辺の地層は、三波《さんば》川結晶片岩類《がわけっしょうへんがん》のうす緑色をした結晶片岩でできている。これらは海底で噴出した玄武岩の溶岩や周囲の火山灰などが、8000万～6000万年前に地下深くで高い圧力を受けて結晶片岩になったもの。周囲の泥質片岩《でいしつへんがん》より風化浸食に強いため、険しい峡谷になり滝ができた。

場所：徳島県つるぎ町の貞光川上流に位置。
アクセス：◆JR貞光駅→四国交通バスで28分、「土釜」下車、徒歩3分。◆車：徳島自動車道・美馬ICから国道438号経由で25分。Pから1分。
問い合わせ：つるぎ町役場 0883-62-3111

三段の滝となって約7m下の“釜”に流れ落ちる（2009.4.11）

観察ポイント 土釜周辺のうす緑色の緑色片岩と違って、土釜の南北の貞光川沿いには、暗灰色の泥質片岩や白っぽい砂質片岩がある。結晶片岩になる前の元の岩石の化学成分が何かによって、変成作用でできる鉱物の色の違いが生じる。

緑色片岩　うす緑色の結晶片岩。泥質片岩に比べて、片状構造（細かい縞模様）が弱め。

泥質片岩（暗灰色）と緑色片岩が墨流し状になっているところもある。

上流から見た土釜。緑色片岩に川筋が切れ込んでいる。

岩が崩れたりせず、水の流れるところだけが削られるのは、片状構造が弱く、硬いから。

86 徳島県

大歩危《おおぼけ》・小歩危《こぼけ》

変成岩 結晶片岩 白亜紀 県天然記念物

大歩危《おおぼけ》、小歩危《こぼけ》は吉野川が三波川結晶片岩《さんばがわけっしょうへんがん》を刻んでできた峡谷で、砂岩が8000万～6000万年前に高圧変成作用を受けてできた砂質片岩が多い。大歩危付近は礫岩《れきがん》が変成した礫岩片岩で有名。水平に近い構造をもつ三波川結晶片岩の深い部分が、褶曲《しゅうきょく》で露出したと考えられている。岩相や鉱物粒子の年代などから、近年では高知より南側に分布する1億2500万～9000万年前にできた付加体が原岩であると推定されている。

場所：徳島県三好市の南西部、吉野川上流に位置。
アクセス：◆JR大歩危駅→四国交通バスで4分、「大歩危峡」下車すぐ。◆車：高知自動車道・大豊ICから国道32号経由で45分。Pからすぐ。
問い合わせ：ラピス大歩危 石の博物館 0883-84-1489（礫岩片岩を展示）

観察ポイント 大歩危の観光遊覧船に乗ると、結晶片岩のつくりだす景観を見ることができる。川沿いに降り立って礫岩片岩を見てみると、高い圧力とともに、変形作用で礫が引き伸ばされているのがわかる。

結晶片岩　色の濃いところが泥質片岩で、うすいところが砂質片岩。

大歩危付近の高圧変成岩
上半分が礫岩起源、下半分が砂岩〜礫岩起源。花崗岩質の礫 (矢印) が引き伸ばされている。長辺 9.5cm。

小歩危峡　砂岩起源の結晶片岩が主体のため、川沿いの岩石は白っぽい（2009.4.12）

大歩危峡の結晶片岩　観光遊覧船の船着場より上流側に見られる結晶片岩。北側の砂岩・礫岩起源とは異なり、泥岩起源。

87 徳島県

宍《しし》喰《くい》浦《うら》の化《か》石《せき》漣《れん》痕《こん》

堆積構造

砂岩・泥岩

古第三紀始新世～漸新世

国天然記念物・地質百選

舌状漣痕《ぜつじょうれんこん》と呼ばれる地層上の模様は、地層がたまったときについた水流の痕。砂と泥が混じった乱泥流《らんでいりゅう》の流れを示す。ここでは左下から右上に向かう流れが読み取れる。地層の傾きを水平に戻すと、おおよそ東から西の流れが復元できる。4500 万～ 2200 万年前に海溝付近でたまった地層で、プレートの沈み込みによって大陸の縁にくっついた付加体と考えられるが、付加体表層を覆った地層の可能性もある。

場所：徳島県海陽町南端の太平洋沿岸に位置。

アクセス：◆阿佐海岸鉄道阿佐東線・宍喰駅→徳島南部バスで 5 分、「角井」下車すぐ。◆車：徳島自動車道・徳島 IC から国道 55 号経由で 2 時間 40 分。P からすぐ。

問い合わせ：海陽町役場 0884-73-1234

観察ポイント 漣痕《れんこん》はリップルマークともいわれ、一方向の流れでできるものをカレントリップルという。流速によって形が違い、舌状は比較的流速が早いときにできる。また、必ず地層の上面にできるので、地層がたまったときの上下の判定にも使われる。

乱泥流でできた砂岩泥岩互層　露頭を横から見たところ。地層の断面が見えている。1回の乱泥流で、砂岩から始まり泥岩で終わる、砂岩・泥岩の一対の地層（タービダイト）ができる。

舌状漣痕　左下奥から右上に向った流れによってできたと考えられる（2009.4.11）

一般に漣痕は、乱泥流でできた砂岩泥岩互層の砂岩の上面にできる。

88 愛媛県

別子銅山《べっしどうざん》

鉱山 結晶片岩 白亜紀

1690年に鉱脈が発見されてから約280年間にわたって稼行した。日本の近代化に大きく貢献し、住友財閥の礎ともなった。1億2000万～1億1000万年前の三波川《さんばがわ》変《へん》成岩《せいがん》類の緑色片岩（玄武岩《げんぶがん》類が変成したもの）に含まれる層状の銅鉱床で別子《べっし》型《がた》含銅《がんどう》硫化《りゅうか》鉄鉱床《てっこうしょう》（キースラーガー）と呼ばれる。この付近の三波川変成岩類は1億6000万～1億4000万年前の付加体の岩石が変成したものといわれ、銅鉱床は付加体に含まれる海底火山とともにできたと考えられる。

場所：愛媛県新居浜市の中央部に位置。
アクセス：◆JR新居浜駅→瀬戸内運輸バスで20分、「マイントピア別子」下車、徒歩すぐ。◆車：松山自動車道・新居浜ICから県道47号経由で20分。Pからすぐ。
問い合わせ：マイントピア別子 0897-43-1801

観察ポイント 別子銅山の産業遺産保存を主目的とし、鉱山開発が盛んだった頃を体験できるマイントピア別子は、端出場《はでば》と東《とう》平《なる》の2カ所にあり、観察しやすい施設。また、銅山越を越えた南東側の日浦まで鉱山跡は続き、さらに下流の筏津《いかだづ》にも鉱山跡がある。

鍰《からみ》 精錬後に出る鉱滓《こうさい》でつくられたレンガ。

黄銅鉱《おうどうこう》の表面 黄色味がかった金色をしている。

端出場の第四通道 1973年の閉山まで使われていた（2009.4.13）

縞状含銅硫化鉄鉱 縞状の部分は高品位鉱として知られていた。

鉱石を運んだトロッコが野外に展示してあり、往時をしのばせる。

89 愛媛県

砥《と》部《べ》衝上《しょうじょう》断《だん》層《そう》

断層

変成岩

白亜紀・新第三紀

国天然記念物・地質百選

愛媛県にある断層露頭。衝上断層《しょうじょうだんそう》とは、逆断層の一種で、断層のずれの面が 45 度よりも水平に近い断層のこと。ここでは、三波川変成岩《さんばがわへんせいがん》と呼ばれる変成岩の上に約 1700 万年前の礫岩層が重なっており、それらの上に約 7000 万年前の地層が北から南に向かってずり上がって衝上断層になっている。この断層が動いたのは約 1500 万年前、日本列島が大陸から分離して今の位置まで動いてきた時代と同時期と考えられている。

場所：愛媛県砥部町の砥部川中流に位置。

アクセス：◆伊予鉄道・松山市駅→伊予鉄道バスで 45 分、「断層口」下車、徒歩 3 分。◆車：松山自動車道・松山 IC から国道 33･379 号経由で 20 分。P から徒歩 3 分。

問い合わせ：砥部町役場 089-962-2323

観察ポイント 断層は川を横切っており、両岸に断層の断面が見られる。上流から下流に向かって、礫岩層、断層面、変成岩層、断層面、破砕した泥岩層の順に重なっている。全体が衝上断層の破砕帯で、２つの断層面にはさまれる変成岩は断層の動きに引きずられて礫岩層の下から断層に沿って上がってきたものである。

断層の上流側に硬い礫岩層、下流側に断層で破砕した地層があり、破砕した地層が川の水で削られやすいために滝の落差ができた（2009.4.13）

礫岩層　断層断面の下部に見ることができる。

礫岩の上に横たわる変成岩　茶色っぽい部分は断層の運動に伴って礫岩層の下から引きずり上げられた変質した変成岩。

断層の断面　断層①と②の間の明るい色の岩石が変成岩。この変成岩は貫入岩と考えられたこともあったが、変質した変成岩である。①の左下には礫岩も見える。

90

愛媛県

面《おも》河《ご》渓《けい》

火山岩

凝灰岩・花崗岩

新第三紀

亀腹岩《かめばらいわ》　溶結凝灰岩からなる岩壁。高さ 100m、幅 200m もの絶壁（2009.4.13）

石鎚山《いしづちやま》（標高 1982m）やその南麓にある面《おも》河《ご》渓《けい》は、四国の中では珍しく溶結凝灰岩《ようけつぎょうかいがん》や溶岩といった火山岩が広く分布する。1500 万年前に西日本で起こった火山活動によって、現石鎚山辺りにあった小さな陥没カルデラが溶結凝灰岩で埋められ、周囲の岩石に比べて浸食に強いために削り残されて石鎚山の険しい山が形成された。その石鎚山を源流とした面河川には、溶結凝灰岩がつくった滝や奇岩が点在している。

観察ポイント 全長 9km にもわたるこの渓谷には、面河川沿いと支流の鉄砲石川沿いにそれぞれ遊歩道が整備されていて、観察しやすい。下流にある面河山岳博物館には、石鎚山系の岩石や動植物について展示・解説されているので、立ち寄ってみたい。

面河渓をつくる岩石はカルデラを埋めた溶結凝灰岩。強く溶結しているため、溶岩のように見える。

兜岩 鉄砲石川左岸にあり、下部には発達した節理が見られる。

虎ヶ滝 カルデラの中に貫入したマグマが冷えて固まった小さな花崗岩体が露出している。

場所：愛媛県久万高原町の北東部、石鎚山南麓に位置。
アクセス：◆ JR 松山駅→ JR バスで 1 時間 10 分、「久万中学校前」下車、伊予鉄南予バス（1 日 4 往復）に乗り換え 1 時間、「面河」下車、徒歩 20 分。◆車：松山自動車道・川内 IC から国道 11･494 号、県道 12 号経由で 1 時間 45 分。P からすぐ。
問い合わせ：久万高原町役場 0892-21-1111

91 愛媛県・高知県

四《し》国《こく》カルスト

カルスト地形 / 石灰岩 / 石炭紀〜ペルム紀

3 億 1000 万〜 2 億 6000 万年前の石灰岩にできたカルスト地形で、日本三大カルストのひとつ。海洋プレート上の海洋島にできた生物礁がプレートの沈み込みによって大陸の縁に付加したもの。付加した時期は、約 2 億 6000 万年前と考えられている。この石灰岩の東縁には鳥形山《とりがたやま》鉱山があり、採掘された石灰岩は約 23km ものベルトコンベアーで直接須崎港まで運搬されている。

場所：高知県檮原町〜津野町の愛媛県境に位置。
アクセス：◆ JR 須崎駅→高知高陵交通バスで 56 分、「新田」下車、津野町営バスに乗り換え 45 分、「天狗荘」下車、徒歩 5 分。◆車：高知自動車道・須崎東 IC から国道 56・197・439 号、県道 48 号経由で 1 時間 50 分。P からすぐ。
問い合わせ：津野町役場 0889-55-2311

観察ポイント 四国カルストは地《じ》芳《よし》峠《とうげ》を通る尾根沿いに東は鳥形山までつながっている。ピナクルと呼ばれる石灰岩柱が林立するカッレンフェルトが尾根に沿って続く風景は見事。石灰岩のないところは、海洋島の一部である玄武岩。

ピナクルが林立するカッレンフェルト　天狗荘付近から五段高原方向を望む (2009.4.16)

ピナクル　表面には二酸化炭素を含む雨によって縦の溶け筋が深く刻まれていく。

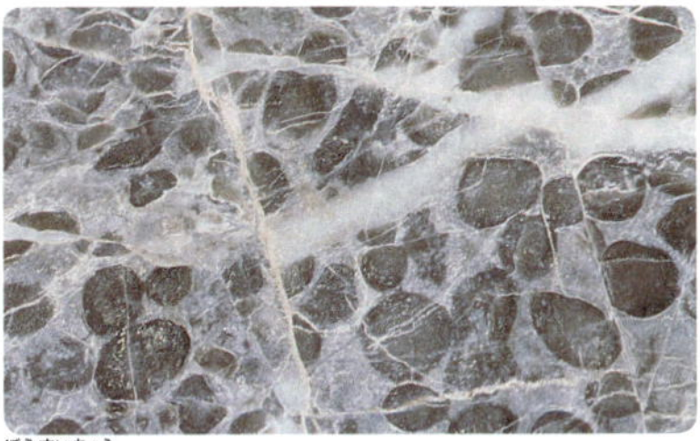

紡錘虫《ぼうすいちゅう》（フズリナ）化石　2 億 8000 万～ 2 億 6000 万年前の石灰岩に含まれる。

ピナクルの表面は雨と二酸化炭素で溶かされる。$CaCO_3+H_2O+CO_2 \rightarrow Ca(HCO_3)_2$（溶けた状態）。地下に染みこんで、逆の反応が起こると鍾乳石ができる。

92 高知県

室《むろ》戸《と》岬《みさき》

付加体・海岸段丘

砂岩・泥岩・斑れい岩

新第三紀・古第三紀

世界ジオパーク・地質百選

室戸岬《むろとみさき》ジオパークの魅力は、南側の海底にある南海トラフで四国海盆（フィリピン海プレートの一部）が沈み込み、海溝型の大地震を起こしながら付加体が形成される現場が見られることだろう。地震が起きたときに室戸岬周辺は大きく隆起するが、北に行くほど隆起量は小さくなる。これは室戸岬から半島西海岸で顕著に見られる約 12 万 5000 年前の海岸段丘が、北に行くほど標高が下がることにも現れている。また室戸岬には褶曲《しゅうきょく》

室戸岬の著しく褶曲した砂岩泥岩互層（2011.4.13）

した地層に1400万年前の斑れい岩の岩脈が貫入していることでも有名。この室戸岬周辺の様々な変形をした地層は、玄武岩を含む4500万～2200万年前の付加体とそれらを覆った3000万～2200万年前の地層が海底地すべりを起こしたものが複雑に分布しているようだが、まだ完全にはわかっていない。

観察ポイント 室戸スカイラインを登って西海岸を見ると、同じ海岸段丘が北にだんだん低くなっていくのがわかる。室戸岬の斑れい岩は現在北東～南西方向に伸び、北西に高角度に傾くが、もともと水平に貫入したものが地殻変動で北西に高角度に傾斜したとされている。

室戸半島灯台付近から望む北方の室戸半島西部 同じ海岸段丘の平たん面の標高が、標高 160 ～ 180m の右端の台地（❶）から中央右の台地（❷）、中央奥の台地（❸）へと、北に行くほど下がっている。

大碆《おおばえ》の枕状溶岩 室戸岬の東側、日沖《ひおき》海岸にある高さ 15m 以上の枕状溶岩。西方の山から地すべりで落ちてきた転石と考えられている。付加体の構成物。

エボシ岩　斑れい岩の岩脈で、1400 万年前に貫入した。厚さは岬の西側で最大 220m。周囲の堆積岩との境界付近が急に冷えたために細粒で、中央部は粗粒。

斑れい岩　原寸大。白い部分が自形をした斜長石。黒い部分は普通輝石とかんらん石。

褶曲した砂岩層　両側から力が加わって上に凸に曲がった。背斜と呼ばれる。波長は数 m。

場所：高知県室戸市の南端に位置する。
アクセス：◆土佐くろしお鉄道・奈半利駅→高知東部交通バスで約 1 時間、「室戸岬」下車、徒歩 5 分。◆車：高知自動車道・南国 IC から国道 32・55 号経由で 1 時間 50 分。P から徒歩 5 分。
問い合わせ：室戸市役所 0887-22-1111

93 高知県

手《て》結《い》岬《みさき》のメランジュ

付加体
メランジュ
白亜紀

高知から室戸に向かう手《て》結《い》周辺の海岸沿いには、陸から遠く離れた海底でたまったチャートや玄武岩《げんぶがん》の枕状溶岩《まくらじょうようがん》が、ひどく変形した砂岩や泥岩とともに露出している。特に西分《にしぶん》漁港の東側では、これらが簡単に見られる。9000 万～ 6500 万年前に海洋プレートが沈み込むときに、海洋プレート上のチャートや玄武岩が、海溝付近でたまった砂岩や泥岩と混じりあってメランジュとなり、大陸の縁に付加したものを見ることができる。

場所：高知県香南市手結岬および芸西村の西分漁港付近。
アクセス：◆土佐くろしお鉄道・夜須駅→タクシーで 5 分（西分漁港）。◆車：高知自動車道・南国 IC から国道 32・55 号経由で 40 分。西分漁港から徒歩 3 分。
問い合わせ：香南市役所 0887-56-0511

観察ポイント 西分漁港の東側には、様々な色をしたチャート、防波堤付近には、表面が黒褐色に風化した枕状溶岩が見られる。どちらも陸からはるか離れた大洋底でできた岩石が、手で触れられるところにある貴重な場所といえる。これは多種多様な岩石が混ざったメランジュのおかげ。メランジュは「混合」を意味するフランス語。

メランジュのチャート 西分漁港の東側に多く見られる（2009.4.16）

メランジュに特徴的な岩相 黒っぽい泥岩の中に色の薄いブロック（人の頭より大きい）が数多く含まれる。

手結岬突端部のチャート 硬く風化浸食に強いので、出っ張っていることが多い。

層状チャート 赤やうす緑など様々な色をしている。放散虫《ほうさんちゅう》（動物プランクトン）の化石が含まれる。

94 高知県

竜串《たつくし》海岸《かいがん》

堆積構造

砂岩・泥岩

新第三紀中新世

地質百選

浅い海でたまった約 2000 万年前の地層。西に傾く地層の水平な断面が海岸に沿ってよく見えている。へこんでいる部分は泥岩層、出っ張っている部分が砂岩層で、砂岩層には、斜層《しゃそう》理《り》と呼ばれる地層がたまった時にできたうねるような縞模様が見える。この斜層理の様子と生物の巣穴跡の化石から、ここの地層が水深十〜数十 m くらいの海でたまったこと、厚い砂岩層は嵐のときにできた層であることなどがわかっている。

場所：高知県土佐清水市の南部、太平洋沿岸に位置。
アクセス：◆ JR 宿毛駅→高知西南交通バスで 58 分、「竜串」下車、徒歩 5 分。◆車：高知自動車道・須崎東 IC から国道 56･321 号経由で 3 時間 15 分。P から徒歩 5 分。
問い合わせ：土佐清水市役所 0880-82-1111

大竹《おおたけ》小《こ》竹《たけ》　まっすぐに伸びる地層。真ん中の砂岩層の中にうねるような模様が見える（2009.4.15）

観察ポイント 地層がたまるときにできた様々な地層中の模様（堆積構造）を観察できる。また、地層の底面や断面に、生物の巣穴化石があったり、砂岩層の表面が蜂の巣状になって窪んだタフォニが見られる。これは砂岩層の砂粒のすきまに入った海水から、塩の結晶が成長し、結晶が大きくなる力で砂岩層を壊すことによってできた窪みである。

タフォニ　波浪では削られない少し高いところにある砂岩層のあちこちに見られる。

砂岩層と泥岩層の繰り返し。よく探すと生物の巣穴の化石が見つかる。

写真の左が西。砂岩層が西に向かって傾いていることがわかる。木の生えているすぐ下あたりの地層にタフォニが見えている。

95 福岡県

平尾台《ひらおだい》

カルスト地形

石灰岩

石炭紀～ペルム紀

国天然記念物・地質百選

幅2km北東方向に6kmの石灰岩でできている平尾台《ひらおだい》。約1億年前に形成された平尾花崗閃緑岩《ひらおかこうせんりょくがん》の熱で焼かれて大理石になっているため化石は出ない。約2億6000万年前の付加体に含まれていて、中国地方の80秋吉台《あきよしだい》、阿哲台《あてつだい》、76帝釈台《たいしゃくだい》の石灰岩と仲間。地表にはヒツジの群れのように石灰岩が散らばるカッレンフェルトが見事。地下には千仏鍾乳《せんぶつしょうにゅう》洞《どう》などの鍾乳洞もある。平尾台と同じ石灰岩は、北東方の苅田町《かんだまち》から南西方の香春岳《かわらだけ》周辺、田川市西部の船尾山周辺まで点々とつながり、石灰岩の採掘が盛ん。

場所：福岡県北九州市小倉南区の南部に位置。

アクセス：◆JR石原町駅→タクシーで15分。周遊1時間30分。◆車：九州自動車道・小倉南ICから国道322号、県道28号経由で20分。

問い合わせ：平尾台自然観察センター 093-453-3737

平尾台全景　北東部から南南西方向を望む。遠くに見える平たい山は竜ヶ鼻。右端には石灰岩鉱山が見える (2009.11.11)

観察ポイント 平尾台の上でカルスト地形や焼かれて大理石になった石灰岩を観察したら、鍾乳洞にも立ち寄ってほしい。国の天然記念物である千仏鍾乳洞は、長さ約700m。地下の川の中を歩くこともできる。このほか、観光洞として牡鹿洞《おじかどう》、目白洞《めじろどう》がある。北東部の青龍窟《せいりゅうくつ》は観光洞ではないが、平尾台最大の鍾乳洞といわれ、国の天然記念物。

鬼の唐手　青龍窟のすぐ北側に位置する石灰岩を貫く岩脈。平尾台にはランプロファイアーと呼ばれる石英分に乏しい岩脈が数多く知られている。

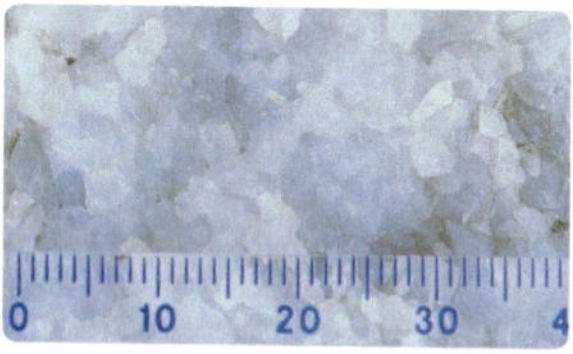

ここの石灰岩はみな熱で焼かれて方解石の粗い結晶ばかりの大理石になった。

石灰岩の表面は雨に溶けた二酸化炭素によって溶かされる。

96 福岡県

芥《け》屋《や》の大《おお》門《と》

火山岩
玄武岩
鮮新世
国天然記念物

北九州各地では、アルカリ玄《げん》武《ぶ》岩《がん》が点々と分布している。ここに見られる玄武岩はそのひとつで、約 320 万年前に基盤岩である花崗閃緑岩《かこうせんりょくがん》を貫いて噴出した。周辺の海岸は白色の花崗閃緑岩でできているのに対し、芥屋の大門の周りにだけ黒色のアルカリ玄武岩が見られる。この活動はマントルの上昇流によって引き起こされたもので、なかには地球の内部を知る手がかりとなるマントルの岩石の破片を取り込んだものも見られる。

場所：福岡県糸島市の北西部、玄界灘沿岸に位置。
アクセス：◆ JR 筑前前原駅→昭和自動車バスで 28 分、「芥屋」下車、徒歩 5 分。◆車：西九州自動車道・前原 IC から県道 12・54・604 号経由で 30 分。P から徒歩 5 分。
問い合わせ：志摩町役場 092-327-1111

観察ポイント 芥屋の大門の北側には、洞口の高さ 17m、幅 3m、奥行 90m の国内最大の玄武岩の海食洞があることで有名。海側に向いているため陸からは見ることができない。遊覧船が出ており、迫力のある柱状節理を間近で観察できる。

芥屋の大門をつくる玄武岩体は周辺の岩石よりも浸食に強いため、突出した岬となっている（2009.11.12）

高さ 64m の絶壁。北面海側に向けて柱状節理が見事な玄武岩でできた海食洞を有する。

海岸の転石は周辺の海食崖からもたらされた岩石。玄武岩や花崗閃緑岩などが見られる。その色から、このあたりは黒磯と呼ばれている。

玄武岩には不規則な柱状節理が発達する。

97 佐賀県

七《なな》ツ《つ》釜《がま》

火山岩
玄武岩
新第三紀鮮新世
国天然記念物

七ッ釜をつくる岩石は、東松浦《ひがしまつうら》玄《げん》武《ぶ》岩《がん》と呼ばれるアルカリ玄武岩で、約 300 万年前の割れ目噴火で噴出し、溶岩台地をつくった大規模な溶岩流。見事な柱状節理は溶岩が冷えて固まるときにできたもの。硬い玄武岩は激しい波浪の浸食に耐えて高さ 40m もの海食崖をつくるが、節理が発達するため特定の方向に崩れやすく、節理と浸食の方向の組み合わせにより、海食洞など、独特の浸食地形がつくられている。

場所：佐賀県唐津市の東松浦半島北部に位置。
アクセス：◆ JR 唐津駅→徒歩 5 分の唐津大手口バスターミナル→昭和自動車バスで 25 分、「七ツ釜入口」下車、徒歩 20 分。◆車：長崎自動車道・多久 IC から国道 203・204 号経由で 1 時間 15 分。P から徒歩 10 分。
問い合わせ：唐津市役所 0955-72-9111

観察ポイント 海面からの高さ 26m の断崖に 7 つの海食洞が並んでいる。最大で間口 3m、高さ 3m、奥行 110m もある。整備された遊歩道で近づくこともできるが、遊覧船で洞内まで入ってじっくり観察することも可能。展望台から見下ろすのもおすすめ。

七ッ釜　陸上に噴出した厚い玄武岩溶岩で、柱状節理が発達する。柱状節理の伸びの方向は冷却の進んだ方向（2009.11.12）

強い波の浸食と、岩石に入った節理によって、独特の地形がつくられている。

柱状節理　六角柱のような形に割れている。

岩石は節理の方向に割れやすいため、このような細長い海食洞がつくられた。

98 長崎県

雲《うん》仙《ぜん》平《へい》成《せい》新《しん》山《ざん》

火山

デイサイト

第四紀

世界ジオパーク・国天然記念物・地質百選

雲仙《うんぜん》火山は島原半島の中央部を占める火山で、約 50 万年前から活動を始めた。1990 年から始まった噴火では、のちに平成新山（標高 1486m）と名付けられた溶岩ドームが成長し、その崩壊によって発生した火《か》砕流《さいりゅう》は多くの被害をもたらした。また、江戸時代の噴火では東山麓の眉山《まゆやま》が崩壊し、島原の城下町を埋め尽くしたほか、海に突入した崩壊物が起こした津波は有明海対岸を襲い、日本史上最大の火山災害となった。

場所：長崎県島原半島の平成新山を中心とする一帯。

アクセス：◆島原鉄道・島原駅→島原鉄道バスで 49 分、「雲仙」下車。◆車：長崎自動車道・諫早 IC から国道 57・251 号経由で島原市街まで 1 時間 30 分。

問い合わせ：雲仙岳災害記念館 0957-65-5555

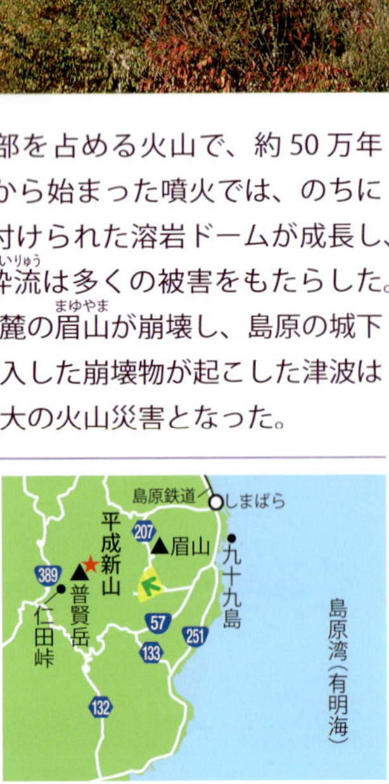

平成新山　デイサイトの溶岩ドームからなる。手前の山麓に広がる緩斜面は火砕流の堆積物からなる（2010.12.1）

観察ポイント　平成新山の山容は、粘性の高いデイサイト溶岩が火口上に盛り上がったためにできた溶岩ドーム。なだらかな裾野は溶岩ドームが崩壊して発生した火砕流堆積物などからなる。

眉山　標高 819m の島原市街地の西にそびえる山。雲仙火山の溶岩ドームのひとつで、1772 年の噴火時に大崩壊した。

デイサイト溶岩　平成新山をつくる溶岩。黒い角閃石《かくせんせき》や白く見える斜長石《しゃちょうせき》などの斑晶《はんしょう》を含む。

平成新山山麓　火砕流によって運ばれた巨大な岩塊が見られる。

平成新山の溶岩ドーム　内部はまだ高温を保っている。

99 熊本県

阿蘇《あそ》カルデラ

火山

玄武岩・安山岩・溶結凝灰岩

第四紀～現世

日本ジオパーク・地質百選

阿蘇は、南北 25km 東西 18km の巨大なカルデラで、約 27 万年前から 9 万年前にかけての 4 回の巨大噴火で形成された。毎回数百 km^3 のマグマが一度に噴出したが、約 9 万年前の巨大噴火では、噴出した火《か》砕流《さいりゅう》が九州中部を広く覆っただけでな

阿蘇カルデラの
北西縁から見る
中央火口丘群
(2010.12.5)

く、同時に噴出した火山灰が北海道でも数 cm の厚さで堆積しており、その規模の大きさのほどがわかる。九州中部〜南部の火山では、数万年に 1 度このような巨大な噴火が発生している。

観察ポイント 現在活動している中岳《なかだけ》（標高 1506m）は、カルデラの中に成長した中央火口丘のひとつ。カルデラをつくった巨大噴火では安山岩〜デイサイトのマグマが噴出したが，現在の中岳では玄武岩《げんぶがん》マグマが噴出している。

中岳火口の湯だまり　火口の底には火山ガスが溶け込んだ強酸性の湯がたまっている。

米塚　標高 954m だが、高さは 100m に満たない。3000 年ほど前に出現した比較的新しいスコリア丘。

スコリア丘の内部　赤色酸化したスコリアが積み重なっている。

中岳　草千里《くさせんり》付近から望む。中岳火口から白色の噴煙が上がっている。

中岳火口　縁にはたび重なる噴火による噴出物が積み重なっている。

根《ね》子《こ》岳《だけ》　標高1433m。阿蘇内輪山の東端に位置する。阿蘇カルデラよりも古い火山の残骸。

白水村《はくすいむら》湧水群　透水性のよい火山体からなる阿蘇中央火口丘の山麓では、豊富な地下水が湧出している。

場所：熊本県阿蘇市を含む１市３町２村に渡る阿蘇山一帯。
アクセス：◆ JR 阿蘇駅→産交バスで 40 分、「阿蘇山西駅」下車、ロープウェイで「火口西」まで４分。◆車：九州自動車道・熊本 IC から国道 57 号、県道 298 号経由で１時間 15 分。
問い合わせ：阿蘇火山博物館 0967-34-2111

100 熊本県

立神峡《たてがみきょう》

変形

トーナル岩

カンブリア紀・白亜紀

マイロナイト化した氷川トーナル岩の露頭（2010.12.5）

八代《やつしろ》市の氷川沿いには、マイロナイト化作用を受けた約 5 億年前のトーナル岩《がん》が分布する。トーナル岩とは花崗岩《かこうがん》の仲間で正長石《せいちょうせき》をほとんど含まないもの。ここでは約 1 億 1000 万年前に地下深くの温度の高い状態で断層運動による変形を受け、鉱物が引き伸ばされるように変形した斑状の岩石＝マイロナイトになっている。当時の断層破砕《はさい》帯の地下深部が見えているのである。岩石としては日本で最も古い岩体のうちのひとつ。

観察ポイント 立神峡はマイロナイトが簡単に見られる場所として特筆すべきところ。駐車場脇の川沿いの岩石を見てみよう。川の流れの方向（南北方向）で鉛直面を見るとひらひらの片状の岩石（写真左下）、川の流れに直行する東西方向の鉛直面で見ると、斑状の花崗岩風の岩石（写真右下）で変形は弱そうに見える。これらは昔の断層の地下深部の「化石」である。

片理の発達した面。鉱物粒子が引き伸ばされている。（撮影：斎藤眞）

写真左と直行する面で見ると、花崗岩風の組織が残っているのがわかる。

立神峡の吊り橋・龍神橋から眺めた露頭全景。左右方向の細かい板状の面が、マイロナイト形成時の変形によってできた面。

場所：熊本県氷川町の氷川中流に位置。
アクセス：◆JR有佐駅→産交バスで10分、「立神遊園地」下車、徒歩30分。◆車：九州自動車道・松橋ICから国道3･443号経由で30分。Pからすぐ。
問い合わせ：氷川町役場 0965-52-7111

101 熊本県

球泉洞《きゅうせんどう》と槍倒《やりどおせ》

化石・鍾乳洞

石灰岩

三畳紀

県天然記念物

槍倒の石灰岩露頭　上部が旧国道 219 号線。手前の河床にメガロドン化石（2010.12.6）

球泉洞《きゅうせんどう》から南方の JR 球泉洞駅付近の球磨川《くまがわ》右岸は切り立った崖が続き、槍倒《やりどおせ》と呼ばれている。ここは 1 億 6000 万～1 億 8000 万年前に付加した地層に含まれる 2 億 6000 万～ 2 億年前の石灰岩が露出。この石灰岩が溶けてできた鍾乳洞が球泉洞。槍倒前の河原の石灰岩の中にメガロドン（厚歯二枚貝《あつばにまいがい》）の化石が数多く含まれている。メガロドンは海洋島頂上のサンゴ礁のようなところに生息していたと考えられている。

観察ポイント 球泉洞で鍾乳洞を観察したら、球磨川にかかる吊り橋をわたって対岸に行き、吊り橋の上流側の河原へ。河原に出ている石灰岩にメガロドン化石が密集しているところがある。石灰岩の表面を見る限りとても貝には見えないが、U の字、V の字、コの字に見えるものが二枚貝の片側の殻の断面である。化石を含む石灰岩を薄く切って化石を削りだし、重ね合わせて貝殻の形が復元されている。

球磨川河床のメガロドンを含む石灰岩露頭。

球泉洞の鍾乳石 カーテンと石筍《せきじゅん》が見事。延長 4.8km とされている。

メガロドン化石の拡大 U、V、コの字に見える白い部分がメガロドンの一方の殻の断面。ひとつの殻の断面が 10 〜 20cm。

場所：熊本県球磨村の球磨川畔に位置。
アクセス：◆ JR 球泉洞駅→徒歩 20 分。◆車：九州自動車道・人吉 IC から国道 219 号経由で 45 分。P からすぐ。
問い合わせ：球磨村役場 0966-32-1111

102 熊本県

天草御所浦《あまくさごしょうら》

化石

砂岩・泥岩

白亜紀

日本ジオパーク・地質百選

天草御所浦《あまくさごしょうら》ジオパークは、御所浦島《ごしょうらじま》と牧島《まきしま》を中心とする島々からなり、島ごとに異なった地層が見られる。御所浦島は主に約1億年前の浅海《せんかい》～河川成の地層（御所浦層群）、御所浦島の西部から牧島にかけては8500万～7500万年前の浅海成の地層、そして牧島の中西部には4500万～3400万年前の河川～浅海成の地層がある。特に御所浦層群からはアンモナイトや三角貝、恐竜化石が産出することで有名。

場所：熊本県天草市の御所浦島。
アクセス：◆JR三角駅→産交バスで1時間15分、「本渡」下車、本渡港→天草観光汽船で40分、「御所浦」下船。◆車：九州自動車道・松橋ICから国道266号、松島道路、県道290・59号経由で1時間50分。棚底港からフェリーで45分。
問い合わせ：御所浦白亜紀資料館 0969-67-2325

化石公園で見られる三角貝の仲間のプテロトリゴニア。貝殻の大きさは 3 ～ 4cm（2010.12.4）

観察ポイント　まず御所浦白亜紀資料館を見学し、天草御所浦ジオパークのジオサイト（見学地）に関する資料を入手するのがおすすめ。ジオサイトはレンタサイクルやタクシー、海上タクシーなどで巡ることができる。化石採集の体験も可能。また、横《よこ》浦島《うらじま》の不整合もぜひ観察してほしい。

アンモナイトの化石　約 1 億年前の化石。直径約 12cm の CD が小さく見えるほどの大きさ。

下の写真の中央部。御所浦層群の砂岩泥岩互層。

白亜紀の壁　高さ 200m 以上ある、御所浦島東岸の約 1 億年前の採石場。多くの恐竜化石も見つかる。見学は海上からのみ。

103 大分県

耶馬渓《やばけい》

火山岩
溶結凝灰岩
第四紀
国天然記念物

耶馬渓《やばけい》の溶結凝灰岩《ようけつぎょうかいがん》は、約 100 万年前に南方の九重《ここのえ》町付近にあった猪牟田《いむた》カルデラから噴出した大規模な火砕流《かさいりゅう》堆積物。この火砕流をもたらした巨大噴火では、大量の火山灰が噴出し、日本列島の広い範囲を覆った。大阪平野でもこの火山灰は厚く堆積しており、地層中で同じ時代を示す鍵層《かぎそう》として使われている。また、耶馬渓に切り立った崖や洞窟が多いのは、溶結凝灰岩が比較的軟らかく、浸食を受けやすいため。

場所：大分県中津市の山国川中流右岸に位置。
アクセス：◆ JR 中津駅→大分交通バスで 27 分、「青の洞門駐車場」下車、徒歩 3 分。◆車：大分自動車道・日田 IC から国道 212 号経由で 1 時間 10 分。P から 3 分。
問い合わせ：中津耶馬溪観光協会 0979-64-6565

観察ポイント 溶結凝灰岩には数種の岩石の破片が含まれているが、これは、激しい爆発によって破砕された岩石が火砕流に取り込まれたもの。水で運ばれた礫《れき》と異なり、角張っているのが特徴。この辺りは絶景の地が数多くあり、青の洞門がある競秀峰《きょうしゅうほう》は観光地としても有名。また、奥耶馬渓には、猿飛甌穴群が約 2km にわたって続き、大小様々な甌穴が見られる。

競秀峰《きょうしゅうほう》　山国川の中上流に面して約 1km にわたる溶結凝灰岩からなる岩峰群（2009.11.16）

耶馬溪は、さまざまな岩塊をふくむ火砕流堆積物でつくられている。

青の洞門　禅海和尚がノミと槌《つち》で 30 年かかって掘ったといわれる。比較的軟らかく崩れにくい溶結凝灰岩中にはこのような素掘りのトンネルが掘りやすい。

猿飛甌穴群《さるとびおうけつ》　中津市西部、国道 496 号沿いにある、国の天然記念物。溶結凝灰岩は浸食されやすく、甌穴など独特の浸食地形が発達する。

104 大分県

八丁原《はっちょうばる》地《ち》熱《ねつ》発《はつ》電《でん》所《しょ》

火山・地熱発電

安山岩

第四紀

八丁原《はっちょうばる》地熱発電所は、国内最大の地熱発電所で、合計 11 万 kW の発電を行っている。活火山である九重《くじゅう》火山の中にあり、地下深部の高温岩体に掘削した多くの井戸からくみ出した熱水から熱エネルギーを得て発電している。地熱資源は自然エネルギー資源として注目されているが、有望な地熱資源の多くは国立公園など自然保護地域の中にあり、環境と共存した資源利用が模索されている。

場所：大分県竹田市および九重町に渡る九重山一帯。
アクセス：◆ JR 豊後中村駅→日田バスで 54 分、「九重登山口」下車。◆車：大分自動車道・九重 IC から県道 40 号経由で八丁原地熱発電所まで 40 分。
問い合わせ：長者原ビジターセンター 0973-79-2154

観察ポイント 地熱発電所では、地下の高温岩体に多くの井戸を掘り熱水を取り出している。発電で使用した熱水は別の井戸で地下に戻され（還元井《かんげんせい》）、ふたたび熱水として循環している。発電所に併設された八丁原発電所展示館では、地熱発電のしくみや役割などがわかりやすく説明されている。

地下から取り出された熱水の一部が蒸気となって噴出している。地熱発電は地球のエネルギーを直接利用する発電方法だ（2010.12.12）

地熱発電のタービン　高温の蒸気で回転する。

九重火山　今なお活動を続ける活火山。八丁原地熱発電所はこの中にある。

小松地獄のあちこちに見られる墳湯の近辺に付着している白い粘土は、温泉の熱水で岩石が変質したもの。

小松地獄　標高 1100m に位置する。地熱で温められた地下水が流れ出している。

105

宮崎県

高《たか》千《ち》穂《ほ》峡《きょう》

火山岩

溶結凝灰岩

第四紀

国天然記念物

高《たか》千《ち》穂《ほ》峡《きょう》の切り立った崖は、およそ 12 万年前と 9 万年前に阿蘇カルデラから噴出した火《か》砕流堆積物《さいりゅうたいせきぶつ》の溶結凝灰岩《ようけつぎょうかいがん》からできている。溶結凝灰岩は高温で固結するため、普通の溶岩同様、冷却するに従い収縮し、節理が発達するもので、真名井の滝（上の写真左奥）の周辺などによく見られる。垂直の柱状節理が発達するため、高千穂峡では約 7km にわたって、深さ 50 ～ 100m もの険しい谷が刻まれている。

場所：宮崎県高千穂町の五ヶ瀬川沿いに位置。

アクセス：◆ JR 延岡駅→宮崎交通バスで 1 時間 30 分、「高千穂 BC」で乗り換えてさらに 5 分、「高千穂大橋」下車、徒歩 10 分。◆車：九州自動車道・御船 IC から国道 445・218 経由で 2 時間。P から徒歩 5 分。

問い合わせ：高千穂町観光協会 0982-73-1213

観察ポイント 硬い溶結凝灰岩は、以前は溶岩とまちがわれていた。詳しく観察すると重さでつぶれた軽石がつくるレンズ状の構造や、火砕流に取り込まれていた岩片などが含まれていることがわかるだろう。また、溶岩にはふつうに見られる気泡が入っていないのも、溶結凝灰岩の特徴である。

壁面をつくっているのは、溶結凝灰岩に発達する柱状節理。冷え方の違いにより様々なパターンができる（2009.11.19）

柱状節理を上から見たところ。角柱の断面がわかる。

溶結凝灰岩の甌穴 真名井の滝上流には河床にこのような甌穴が数多く見られる。川面よりかなり高い位置の甌穴もあり、浸食の跡をうかがわせる。

玉垂《たまだれ》の滝 高さ 4 ～ 5m、幅 10m ほどにわたって溶結凝灰岩の割れ目から水が湧き出ている。

106

宮崎県

青《あお》島《しま》・鬼《おに》の洗《せん》濯《たく》板《いた》

海食地形

砂岩泥岩互層

新第三紀中新世

国天然記念物・地質百選

宮崎市南部の青島付近から日南市《にちなんし》にかけての海岸沿いの波食棚は、「鬼の洗濯板」と呼ばれる名勝。この地層は約700万年ほど前に沖合の大陸棚の上で堆積した砂岩泥岩互層。リズミカルに砂岩と泥岩が繰り返すこの地層は、砂を運んでくるような洪水が周期的にあったことを物語る。砂岩が泥岩より波の浸食に強いため、砂岩が出っ張って洗濯板やヤスリのように規則的にでこぼこした地形をなす。日南海岸の景観を特徴づける風景である。

場所：宮崎県宮崎市の南東部、日向灘に突き出た位置。
アクセス：◆JR青島駅→徒歩15分。◆車：宮崎自動車道・宮崎ICから国道220号経由で20分。Pから徒歩10分。
問い合わせ：宮崎市役所 0985-25-2111

観察ポイント 満潮時には海中に没してしまうので、干潮時に訪れること。なお、満潮時にも出っ張っているのは砂岩が厚い部分。遠くから俯瞰《ふかん》するなら、国道 220 号線旧道の堀切峠付近や道の駅フェニックス付近が絶景。海辺に降りて観察するなら、青島か南側の内海《うちうみ》港付近がよい。また、砂岩には未固結時に水が抜けたときの構造なども見られる。

青島　東南東にゆるく傾斜した砂岩泥岩互層の泥岩部が浸食され、洗濯板のようになっている（2010.12.7）

板のようなきれいな地層がゆるく海側（東南東）に傾く。

砂岩の弱いところから削られていく。

浸食に強い砂岩が突起として残っている。

日南海岸　堀切峠付近から望む。

107 宮崎県

猪《い》崎《ざき》鼻《ばな》のフルートキャスト

堆積構造

砂岩

古第三紀漸新世～新第三紀中新世

猪《い》崎《ざき》鼻《ばな》の南側には、コブコブがついた砂岩が転がっている。コブのひとつひとつは彗星のような形。これはフルートキャストと呼ばれ、砂が堆積するときに水流が直前にたまった地層を削り込んでつく跡。“彗星”の頭の方から尻尾の方に流れがあったことを示す。地層の下底面につくので、地層の上下判定にも役立つ。約2500万年前に大陸棚でたまったこの地層は、約2300万年前に海底地すべりを起こした岩体と考えられている。

場所：宮崎県日南市の南部、大堂津港東側の海岸に位置。

アクセス：◆JR大堂津駅→徒歩30分。◆車：宮崎自動車道・宮崎ICから国道220号経由で1時間30分。大堂津港東詰から徒歩15分。

問い合わせ：日南市役所 0987-31-1100

猪崎鼻の波食棚に転がるフルートキャストのついた砂岩。岩の大きさは 2 ～ 3m（2010.12.7）

猪崎鼻の厚い砂岩層。猪崎鼻全体が日南層群中の巨大な岩体だと考えられている。

観察ポイント 波食棚に転がっている砂岩にはきれいなフルートキャストがついているものがある。猪崎鼻をつくる砂岩層が崩れて転がってきたものだが、地層が堆積するときの流れの向きを推測してみよう。また、猪崎鼻の崖では、砂岩層の下側に出っ張ったフルートキャストを見ることができるが、落石に十分注意が必要。

フルートキャスト　写真は地層を下から見た状態。堆積時の流れは写真下から上。

波食棚付近の砂岩層。

砂岩層の下側に出っ張るフルートキャスト。

108

宮崎県

関《せき》之《の》尾《お》滝《たき》

滝・浸食地形

溶結凝灰岩

第四紀

日本ジオパーク・国天然記念物

霧島《きりしま》ジオパークのジオサイトのひとつ。滝の上流に甌穴群《おうけつぐん》が600mにわたって見られ、散策できる。これまで、この滝をつくる溶結凝灰岩《ようけつぎょうかいがん》が、約33万年前の加《か》久《く》藤《とう》火《か》砕流堆積物《さいりゅうたいせきぶつ》か、約2万9000年前の入戸《いと》火砕流堆積物かで見解がわかれていた。2010年に、滝本体とそれより上流の甌穴群が加久藤火砕流堆積物の溶結凝灰岩で、滝壺下流側、吊り橋のすぐ隣に入戸火砕流堆積物の溶結凝灰岩があることが明らかにされた。

場所：宮崎県都城市の鹿児島県境付近に位置。

アクセス：◆JR都城駅→宮崎交通バスで35分、「関之尾の滝」下車。◆車：宮崎自動車道・都城ICから国道10号、県道108・107号経由で25分。Pから徒歩3分。

問い合わせ：都城市役所0986-23-2111

観察ポイント 下流の吊り橋側から滝を見ると、柱《ちゅう》状《じょう》節《せつ》理《り》が見事。滝の上の甌穴群を散策すると、柱状節理の断面の形や岩相を見ることができる。黒くひらひらしたガラス片や、火砕流で運ばれた他の岩石も含まれている。

滝の幅は 40 m、落差は 18 m。加久藤火砕流堆積物の溶結凝灰岩。写真では見えないが、左手に入戸火砕流堆積物の溶結凝灰岩がある。2010 年 7 月 2 日～ 3 日の豪雨と洪水で滝上部の柱状節理が崩落 (2010.12.10)

滝の落ち口付近の加久藤火砕流堆積物（デイサイト溶結凝灰岩）の柱状節理。

滝の上部は甌穴群の中を散策できる。柱状節理の節理 (割れ目) 部分から削られるので、柱の部分を飛んで歩く。

柱状節理の上面と甌穴の穴の側面を見ると、溶結時につぶれた軽石や黒色のガラスの形が三次元的に推測できるので見てみたい。

109 宮崎県・鹿児島県

霧《きり》島《しま》火《か》山《ざん》群《ぐん》

火山

安山岩

第四紀

日本ジオパーク・地質百選

霧島火山は、多くの火山の集合からなる活火山群。その一つである新燃岳《しんもえだけ》（標高 1421 m）では 2011 年に大量の軽石を噴出する大規模な噴火が起きた。2018 年にも再び噴火し、溶岩流が山頂火口を埋め尽くした。新燃岳は、江戸時代にも大規模

な噴火を起こしている。このような噴火の繰り返しにより火口の周辺に噴出物が堆積して成長した火山を複成火山と呼ぶ。日本にみられる多くの火山はこうした複成火山だ。

韓国《からくに》岳から望む新燃岳 (2010.12.10)。 写真に見える新燃岳山頂火口は 2011 年と 2018 年の噴火で完全に埋没した。

観察ポイント 大浪池《おおなみいけ》や不動池などは、爆発的噴火によってつくられた火口に水がたまった火口湖。火口湖の周辺は、噴火で放出された噴出物が積み重なってできた火砕丘《かさいきゅう》が取り囲んでいる。

大浪池　約４万年前の噴火で形成された火口湖。

えびの高原の不動池
約3000年前のマグマ水蒸気爆発でつくられた火口湖。

霧島連山全景　火山灰地のなだらかな山麓が広がり、牧場に利用されることも多い。右端は高千穂峰（標高1573m）。

韓国《からくに》岳山頂部　標高 1700m。約 1 万 7000 年前の大噴火によって形成されたと考えられる。

丸尾滝　柱状節理の発達した溶岩にかかる滝。温泉成分が混入しているため滝壺が青白い。

場所：宮崎と鹿児島の県境に連なる。

アクセス：◆ JR 霧島神宮駅→霧島連山周遊バスで 1 時間 6 分、「えびの高原」下車。◆車：九州自動車道・横川 IC から県道 50 号、国道 223 号、県道 1 号経由で 50 分。えびの高原 P から徒歩 1 時間 30 分（韓国岳山頂）。

問い合わせ：霧島市役所 0995-45-5111

【注意】火山活動中で入山規制がされていることがあります。

110

鹿児島県

曽《そ》木《ぎ》の滝《たき》

滝・浸食地形

溶結凝灰岩

第四紀

曽木《そぎ》の滝をつくる岩石は、約 33 万年前に現在の霧島火山の北西部から噴出した大規模火砕流《かさいりゅう》である加久藤《かくとう》火砕流堆積物の溶結凝灰岩《ようけつぎょうかいがん》。この溶結凝灰岩は比較的軟らかく浸食されやすいため、強い水流によって多数の甌穴《おうけつ》が形成されている。甌穴は、岩盤の軟らかいところや割れ目に沿って流水による浸食が集中し、その部分が深くえぐられた浸食地形。溶結凝灰岩など比較的軟らかい岩石によく見られる。

場所：鹿児島県大口市の川内川《せんだいがわ》中流に位置。

アクセス：◆ JR 栗野駅→南国交通バスで 43 分、「大口」で乗り換えさらに 15 分（平日のみ運行 1 日 1~2 往復）、「曽木の滝入口」下車。◆車：九州自動車道・栗野 IC から国道 268 号、県道 48 号経由で 35 分。P から徒歩 3 分。

問い合わせ：大口市役所 0995-22-1111

滝をつくる溶結凝灰岩は、多孔質で、比較的簡単に削られる（2011.2.19）

観察ポイント 曽木の滝は、幅 210m、高さ 12m の滝。周辺は曽木の滝公園として整備されていて、展望所や遊歩道から、滝や岩石を観察できる。2011年 11月には、下流 300m のところに新曽木大橋が開通し、新たに下流側からの眺望も楽しめるようになった。

河床に見られる甌穴群　選択的な浸食により、窪んだ場所には水流が集中。より深くえぐられ、甌穴が成長する。

溶結凝灰岩には粗い柱状節理が発達する。

巨大な転石は洪水時にもほとんど動かないため、その上面にも甌穴が形成されている。

柱状節理で切り離された凝灰岩は大きな角礫《かくれき》状の転石となり、荒々しい景観をつくる。

111 鹿児島県

桜島《さくらじま》と姶良《あいら》カルデラ

火山
安山岩・流紋岩
第四紀
地質百選

桜島《さくらじま》は錦江湾《きんこうわん》奥を占める姶良《あいら》カルデラの南縁に成長した火山。姶良カルデラでは約 2 万 9000 年前に巨大噴火が発生し、大量の流紋岩《りゅうもんがん》火《か》砕流《さいりゅう》堆積物はシラス台地をつくった。桜島は巨大噴火の後に成長をはじめ、たび重なる大噴火によって現在の山体がつくられた。最近の大規模な噴火は 1914 年の大正噴火で、大量の安山岩《あんざんがん》溶岩によって桜島は大隅《おおすみ》半島と陸続きになった。1954 年以降、ほぼ連続的に小規模な噴火を続けている。

場所：鹿児島県錦江湾に浮かぶ桜島一帯。
アクセス：◆ JR 鹿児島駅→徒歩 10 分、鹿児島港→桜島フェリーで 15 分。◆車：東九州自動車道・国分 IC から国道 220 号経由で 45 分（桜島南東端）。
問い合わせ：鹿児島市役所　099-224-1111

観察ポイント 桜島の西部にある溶岩遊歩道や東部の有村溶岩展望所では、粘性の高い安山岩溶岩が流動して広がった様子を観察できる。溶岩流の表面は直径数mもの溶岩のブロックで覆われている。鹿児島湾奥部の姶良カルデラ周辺は流紋岩火砕流堆積物が厚く覆っているので、比較的平たんな台地状の地形が広がっている。

烏島展望所から御岳《おんたけ》（標高1117m）を望む。ごつごつした岩塊で覆われた大正溶岩は、1914年の噴火で噴出した大量の安山岩溶岩。現在も火山の地下ではマグマの蓄積が進んでいる（2010.12.8）

錦江湾に浮かぶ桜島　湾の北部は姶良カルデラの窪地からなる。後方に見えるのは開聞岳《かいもんだけ》。

大正溶岩　東西の割れ目火口から噴出して海を埋め立てた溶岩。その総体積は合計 $1.5km^3$。

腹《はら》五《ご》社神社《しゃじんじゃ》の埋没鳥居　大正噴火の火山灰や軽石で埋没した高さ3mもある鳥居。

大正溶岩の表面はこのようなブロック状の溶岩の塊で覆われている。

112 鹿児島県

開聞岳《かいもんだけ》

火山・地熱発電

玄武岩・安山岩

第四紀

円錐形の端正な火山体をもつ開聞岳《かいもんだけ》（標高 924m）は、4000 年前頃から成長を始めた若い火山。主に玄武岩《げんぶがん》からなり、その山体は、下半分が溶岩と火砕《かさい》物の互層からなる成層火山で、山頂部には平安時代の噴火でつくられた安山岩の溶岩ドームが載っている。山麓には、開聞岳から噴出した何枚ものスコリア層が厚く分布しており、農作業の支障となるためコラあるいはゴラと呼ばれている。

場所：鹿児島県指宿《いぶすき》市、薩摩半島の南端に位置。
アクセス：◆ JR 山川駅→鹿児島交通バスで 30 分、「開聞山麓」下車。◆車：指宿スカイライン・頴娃（エイ）IC から県道 246・28 号経由で 50 分。
問い合わせ：指宿市役所 0993-22-2111

観察ポイント 開聞岳は主に玄武岩や安山岩といった苦鉄質《くてつしつ》のマグマを噴出した火山。これらの噴出物は含まれる鉄分により黒みがかった色をしているため、黒い砂浜がつくられた。波の作用により、噴出物に含まれていた比重の大きなかんらん石などの鉱物が分離・濃集した砂が見られる。

開聞岳と黒い砂浜（2010.12.9）

玄武岩溶岩　含まれる鉄分により黒色を帯びている。鉄分が酸化した部分はやや赤みがかって見える。

山川地熱発電所　地下深部の熱水を井戸でくみ上げて利用している。平成7年に運転開始した。

繰り返された噴火によって堆積した火砕物の地層。

山川天然砂むし温泉　開聞岳周辺には地熱地帯が広がっていて、古くから地熱を利用してきた。

113 鹿児島

種子島《たねがしま》の砂鉄《さてつ》

鉱床
砂浜
現世

種子島《たねがしま》の浜辺にはしばしば黒い砂がある。正体は砂鉄。1543年にポルトガルから種子島に鉄砲が伝えられたのは有名だが、その鉄砲は、この砂鉄と当時種子島で発達していた製鉄技術によって複製されて日本に広まった。付近の島々の中でも、種子島の浜辺が特に砂鉄に富み、古い砂丘の中の砂鉄が採掘されたこともある。しかし、種子島の地層に砂鉄は含まれておらず、黒潮でどこかから運ばれてきたもので、供給源は不明。

場所：鹿児島県西之表市の南東部、安城地区の太平洋岸に位置する。
アクセス：◆西之表港より巡回バスがあるが、便数が少ないため要注意。◆鉄浜海岸：西之表港から県道75号、西之表広域農道経由で30分。◆沖ヶ浜田：西之表港から県道75号、県道591号経由で30分。
問い合わせ：西之表市役所 0997-22-1111

沖ヶ浜田《おきがはまだ》　港の北側。河口には砂鉄がたまる。砂浜に見られる黒い部分も砂鉄（2011.2.15）

観察ポイント 東海岸にはその名の通り砂鉄で有名な鉄浜《かねはま》海岸がある。波の状況にもよるが、砂浜が砂鉄で真っ黒なときもある。すくってみると重く、磁石を近づけるとたくさんくっつく。また、鉄浜海岸の砂浜には丸い礫がコロコロとしているが、砂浜の背後の崖が崩れ、波で洗われて丸い礫になったもの。1200万～1100万年前に大陸棚にたまった地層の礫が多く、貝化石を含むこともある。

砂鉄　手ですくうと重い。磁石を近づけるときはポリ袋で覆うと、砂鉄がじかにくっつかなくてよい。

鉄浜海岸　砂鉄は波の都合で砂浜に見られないこともあるが、少し掘ると見つかる場合も多い。

鉄浜海岸には丸い礫も転がる。背後の崖は貝化石を含む、1200万～1100万年前の地層。礫はここから崩れ落ち、波浪で丸くなった。

114 鹿児島県

屋久島《やくしま》

浸食地形

花崗岩・玄武岩・凝灰岩

新第三紀中新世・古第三紀始新世

世界遺産・地質百選

屋久島《やくしま》では 4000 万年ほど前に海洋プレートの沈み込みによってできた付加体が島の縁に分布し、中央部の広い部分を 1550 万年前にできた花崗岩《かこうがん》が占めている。この花崗岩は当時できたばかりの熱い海洋プレートが沈み込むことによって付加体の一部が溶けてできたマグマが地下で冷え固まったもので、周囲の付加体とともに隆起して今では 2000m 近くの山になった。その後、7300 年前に北側の鬼界《きかい》カルデラ（硫黄島付近の

千尋《せんぴろ》の滝　モッチョム岳東方の花崗岩の岩壁を削る滝。雨の日は迫力のある滝が見られる（2011.2.11）

海底）から、噴出した大火《か》砕流《さいりゅう》によって屋久島の植生の大部分は焼失した。現在見られる屋久杉はこれ以降のもの。屋久島東部の田代海岸には、海溝の近くの海洋プレート上に海底火山として噴出した玄武岩の枕状溶岩《まくらじょうようがん》がある。この玄武岩は海洋プレート上の他の堆積物とともに約 4000 万年前に付加したもの。

観察ポイント 山地に足を踏み入れると、そこは花崗岩《かこうがん》の世界。花崗岩はもともとあった割れ目から降水などで風化が進み、奇妙な形の岩峰や見事な滝をつくる。屋久島空港の南側には、地下の花崗岩から枝分かれして付加体に貫入したシート状の斑状花崗岩が見られる。また、町の天然記念物に指定されている田代海岸の枕状溶岩と西側の赤色泥岩、その南側に隣接するひどく変形を受けた地層も見どころ。

モッチョム岳　標高 940m の名峰を南から望む。光の当たり方で花崗岩の色が変わって見える。

屋久島花崗岩　正長石の巨晶を含む。こぶし大ほどもある平たい六角柱の正長石をしばしば含む。正長石は、うまく割れると六角形に見える。

永田浜　花崗岩起源の砂でできている砂浜。この付近だけ直接花崗岩が海に面している。ウミガメの産卵で有名。

斑状花崗岩の岩脈　落ノ川《おとすのかわ》河口南側で見られる。落ノ川の北側にはタングステン鉱山の跡がある。

田代海岸の枕状溶岩　付加体の中の枕状溶岩としては露頭条件がよく美しい。

玄武岩のように粘性の低い溶岩が水中で冷やされながら噴出すると、このように枕を積み重ねたような溶岩ができる。重なり方で形成時の上下がわかる。

場所：鹿児島県屋久島町 屋久島全域。
アクセス：◆鹿児島空港から飛行機で40分。鹿児島港南埠頭より宮之浦港まで高速船(直行便)で2時間弱、フェリーで4時間。◆島内路線バス、永田浜 - 宮之浦 - 安房 - 栗生 - 大川の滝で2時間強。レンタカーも便利。
問い合わせ：屋久島町役場 0997-43-5900

115 沖縄県

万《まん》座《ざ》毛《もう》

浸食地形
石灰岩
第四紀

石灰岩の海食崖。本書には波浪で浸食された海食崖が多数紹介されているが、万座毛《まんざもう》の崖の地形の成り立ちには、波浪だけでなく、鍾乳洞をつくったのと同じような、地表から石灰岩の割れ目にしみ込んだ水による溶解作用が重要な役割を果たしている。ここの海食洞や洞門状の地形は、地下水が溶かしてつくったものを波が浸食し、一部削られた崖がさらに波浪による浸食を受けて、現在の姿になったものと考えられている。

場所：沖縄県恩納村の東シナ海沿岸に位置。
アクセス：◆那覇バスターミナル→琉球バスもしくは沖縄バスで 1 時間 45 分、「恩納村役場前」下車、徒歩 20 分。◆車：沖縄自動車道・屋嘉 IC から県道 88 号、国道 58 号経由で 10 分、P から徒歩 5 分。
問い合わせ：恩納村役場 098-966-1280

観察ポイント 地形をよく見て、波の作用でできたと思われるもの、鍾乳洞のように地下水が溶かしたと思われるものはどれか、よく考えながら観察すると楽しい。

ぞうさん岩　万座毛のランドマークとなっている（2011.2.16）

ぞうさん岩の脇にある洞窟。このような深い洞窟は、雨水と地下水によって地下ででき、海とつながったものだろう。

谷地形は雨水、地下水の影響でできたと考えられる。

石灰岩の表面は、雨水による溶解で複雑な形状となっている。このような石灰岩上には厳しい環境に耐えられる植物が生育する。

116 沖縄県

玉《ぎょく》泉《せん》洞《どう》

鍾乳洞

石灰岩

第四紀

数十万年前のサンゴ礁が岩石となった石灰岩が、地表から浸透してくる水で溶けてできた総延長約 5km の鍾乳洞《しょうにゅうどう》。有名な80秋吉台《あきよしだい》の鍾乳洞が 2 億 5000 万年以上前の石灰岩であることに比べると「新しい」石灰岩である。石灰岩の成分は炭酸カルシウムで、二酸化炭素を含んだ水に溶けるが、空気に触れると再び石になる。鍾乳石《しょうにゅうせき》は洞窟の天井から垂れる雨水の中の炭酸カルシウムで成長する。

場所：沖縄県南城市の南部に位置。

アクセス：◆那覇空港→沖縄都市モノレールで 10 分、「旭橋」下車、那覇バスターミナルから琉球バスで 1 時間 5 分。「玉泉洞前」下車すぐ。◆車：那覇空港自動車道・南風原南 IC から国道 507 号経由で 15 分。

問い合わせ：南城市役所 098-948-7111

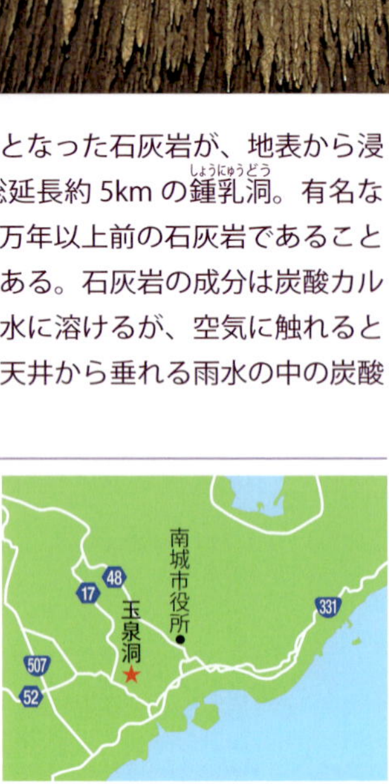

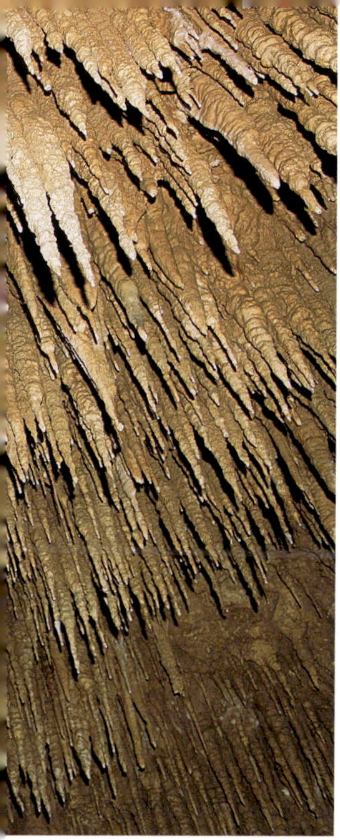

つらら石　沖縄は雨が多いため、鍾乳石の成長が早い。つらら石と呼ばれる鍾乳石の数は日本最大級といわれる（2011.2.17）

観察ポイント　有料の観光施設となっていて、見学通路が整備され、鍾乳石や石筍《せきじゅん》といった鍾乳洞ならではの景観が楽しめる。鍾乳石と石筍がつながった石柱《せきちゅう》、巨大なリムストーンプールなどの見どころが多く、施設で配布するパンフレットなどで確認しながら観察できる。

洞窟の外から流れ込んだ砂礫《されき》の中にシカなどの動物の化石がある。

リムストーンプール　ゆるやかな傾斜面に水がたまり、縁に石灰分が析出して棚田状の池ができたもの。玉泉洞には大きなプールがある。

石柱　炭酸カルシウムを多く含む水が、洞窟内にしみ出ることによって成長する鍾乳石と、天井から落下して成長する石筍がつながり、長い時間をかけて太くなっていく。

地質年表
日本の歴史

年前	地質時代区分		
0(現在)	新生代	第四紀	
		新第三紀	
		古第三紀	
			6550万年前
1億	中生代	白亜紀	
			1億4550万年前
		ジュラ紀	
2億			1億9660万年前
		三畳紀	
			2億5100万年前
	古生代	ペルム紀	
3億			2億9900万年前
		石炭紀	
			3億5920万年前
		デボン紀	
4億			4億1600万年前
		シルル紀	
			4億4370万年前
		オルドビス紀	
			4億8830万年前
5億		カンブリア紀	
			5億4420万年前
	新原生代	エディアカラ紀(カンブリア紀以前を一括して先カンブリア紀と言うこともある)	
6億			
46億			

万年前	紀	世	
0	第四紀	完新世	41 立山カルデラと大崩壊　42 百万貫岩(土石流) 47 木曽駒ヶ岳千畳敷(カール)
1.2		更新世	96 芥屋の大門　97 七ツ釜
258	新第三紀	鮮新世	18 きのこ岩 33 黒滝不整合　36 三浦半島
533		中新世	**琉球列島が大陸から分離(約800万年前〜)** **伊豆・小笠原が日本列島に衝突開始(約1500万年前)** **日本列島が大陸から分離、日本海ができた**
2303	古第三紀	漸新世	62 さらし首層　92 室戸岬　107 猪崎鼻のフルートキャスト 87 宍喰浦の化石漣痕　114 屋久島(枕状溶岩)
3390		始新世	4 夕張の石炭大露頭
5580		暁新世	
6550			

日本の主な石炭層
70 山陰海岸(花崗岩)
102 天草御所浦
(白亜紀〜始新世)

恐竜の絶滅

九州〜東北地方で大量のマグマが形成された

2 根室車石
11 陸中海岸北部(北山崎、三王岩)
12 陸中海岸南部(碁石海岸)
93 手結岬のメランジュ　64 瀞八丁
11 陸中海岸北部(鵜の巣)

日本列島の屋台骨となる
付加体の形成が盛んになる

49 飛水峡(中期ジュラ紀付加体中)
101 球泉洞と槍倒(後期ジュラ紀〜前期白亜紀付加体中)

後期白亜紀〜古第三紀初めの花崗岩類の形成とその影響
(大量のマグマの形成時代)
47 木曽駒ヶ岳千畳敷
48 寝覚の床
51 春日のスカルン鉱床
66 六甲山
78 三段峡の竜門
77 久井の岩海(岩石形成)

生物の大量絶滅
75 神庭の滝
12 陸中海岸南部(巨釜、半造など)

石炭紀〜ペルム紀の海洋島
(ペルム紀またはジュラ紀に日本列島にくっついた石灰岩)
52 赤坂金生山
55 伊吹山
76 帝釈峡の雄橋
80 秋吉台
91 四国カルスト
95 平尾台

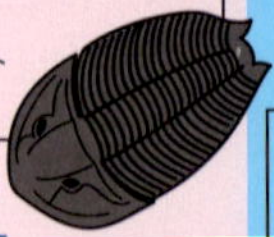

白亜紀の堆積岩類
29 瀬林の漣痕と恐竜の足跡
31 犬吠崎
42 桑島化石壁
81 網代ノ鼻の赤色層

日本で最も古い化石

日本で最も古い岩体
39 小滝ヒスイ峡
100 立神峡

後期白亜紀の高圧変成岩
30 秩父・長瀞
56 二見浦の夫婦岩
85 土釜
86 大歩危・小歩危
88 別子銅山

日本で最も古い岩石[ジュラ紀の地層中の礫](約20億年前)
地球の誕生

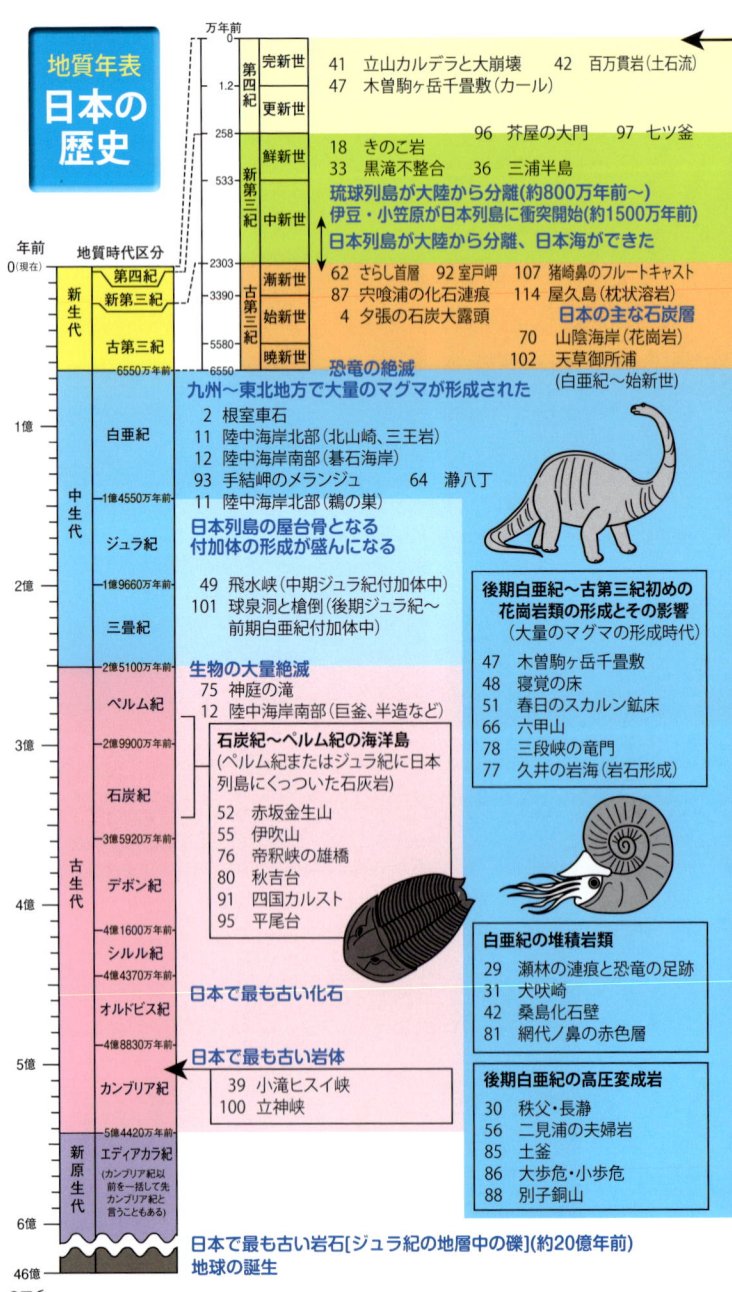

92 室戸岬(変動地形)

53 木曽三川と濃尾平野
(濃尾平野:中新世以降)

32 南関東ガス田
37 新津油田

5 幌満かんらん岩体

中新世の堆積岩

63 滝の拝
94 竜串海岸
106 青島・鬼の洗濯板

中期中新世の関東以西の深成岩・火山岩
(若い海洋プレート(四国海盆)の沈み込みに関連)

44 瑞牆山岩峰群
54 鳳来寺山
57 熊野鬼ヶ城と獅子岩
58 赤目四十八滝
59 兜岳と鎧岳、屏風岩
60 一枚岩と虫喰岩(岩石形成)
61 橋杭岩
65 二上山
82 屋島
90 面河渓
92 室戸岬(岩脈)
114 屋久島(花崗岩)

新第三紀の東日本〜北陸・山陰の火成活動

9 仏ヶ浦★
10 十二湖・日本キャニオン★
20 袋田の滝★
24 大谷石★
25 吹割の滝
43 東尋坊海岸★
70 山陰海岸★
72 隠岐諸島
73 立久恵峡★
79 高山と須佐湾★
★日本海の拡大(中新世)に関連したできごと

大きな地質境界断層

38 糸魚川・静岡構造線
46 大鹿村の中央構造線
89 砥部衝上断層

現在進行中の地質現象

6 新冠泥火山
8 恐山の金鉱床
13 夏油温泉の石灰華
34 館山の海成段丘
45 富士山(柿田川湧水)
60 一枚岩と虫喰岩(風化現象)
77 久井の岩海(岩の堆積)
113 種子島の砂鉄

活断層

50 根尾谷断層
84 四国の中央構造線

活火山

1 知床半島
7 有珠山と昭和新山
14 目潟火山群のマール
15 鳥海山
16 蔵王火山
17 磐梯山
27 草津白根山の湯釜
28 浅間山
45 富士山
98 雲仙平成新山
99 阿蘇カルデラ
104 八丁原地熱発電所(九重火山)
109 霧島火山群
111 桜島
112 開聞岳

第四紀の火山活動

3 白滝黒曜石
19 塔のへつり
23 華厳の滝
26 常布の滝
40 称名滝
69 玄武洞
74 石見銀山
99 阿蘇カルデラ(カルデラの形成)
103 耶馬溪
105 高千穂峡
108 関之尾滝
110 曽木の滝　　111 姶良カルデラ

第四紀の堆積岩

21 出島のカキ礁
22 塩原木の葉化石
31 屏風ヶ浦
35 山の手崖線地形・武蔵野台地
67 天橋立　　68 琴引浜
71 鳥取砂丘
83 阿波の土柱
115 万座毛
116 玉泉洞

※名称の前の数字は、掲載地番号です。
※本書で用いた「第四紀」などの時代区分と「1億年前」などの年数は、国際地質科学連合(IUGS)の国際層位学委員会(ICS)が発行している年表(2010版)に従っています。将来ICSの年表が変わると、本書で示した時代区分や年数が合わなくなることもあります。

覚えておきたい 岩石の種類

岩石はでき方の違いにより、火成岩《かせいがん》、堆積岩《たいせきがん》、変成岩《へんせいがん》に区分される。

- **火成岩**：マグマが固まってできたもの。さらに、冷え固まり方で火《か》山岩《ざんがん》と深成岩《しんせいがん》に区分される。火砕岩《かさいがん》は火山岩の区分に含められる。
- **堆積岩**：風雨でバラバラになった岩石や生物《せいぶつ》遺《い》骸《がい》が重なって固まったもの。
- **変成岩**：高い圧力や温度により火成岩・堆積岩の構成物が再結晶したもの。

■主な火成岩の区分

マグマの成分、冷え固まり方によって区分される。

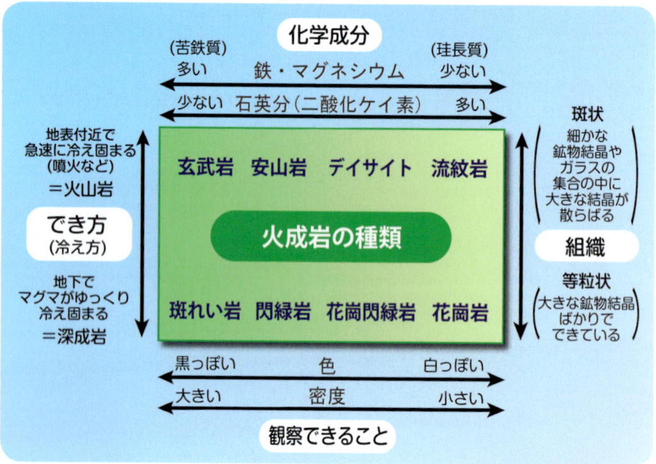

この他に、斑《はん》れい岩よりもさらに石英分が少ない深成岩として超苦鉄質《ちょうくてつしつ》岩《がん》(かんらん岩、輝石岩《きせきがん》、蛇紋岩《じゃもんがん》)がある。

蛇紋岩
(大鹿村中央構造線博物館蔵)

■主な堆積岩の区分

岩石が風化浸食によってバラバラになった砕屑物《さいせつぶつ》や火砕物が固まった岩石は、それらをつくる粒の大きさによって区分される。

堆積岩・火砕岩の種類		堆積岩・火砕岩をつくる物質の種類・粒子のサイズ（長径）	
礫岩《れきがん》		礫《れき》（2mm 以上の岩石や鉱物のかけら）	
砂岩《さがん》		砂（0.0625 ～ 2mm の岩石や鉱物のかけら）	
泥岩《でいがん》	シルト岩	泥	シルト（0.0039 ～ 0.0625mm の岩石や鉱物のかけら）
	粘土岩《ねんどがん》		粘土（0.0039mm 以下の岩石や鉱物のかけら）
火砕岩《かさいがん》	火砕角礫岩《かさいかくれきがん》	火山岩塊（64mm 以上の火山噴出物）	
	火砕礫岩《かさいれきがん》	火山礫（2 mm～ 64mm の火山噴出物）	
	凝灰岩《ぎょうかいがん》*	火山灰（2mm 以下の火山噴出物）	
石灰岩《せっかいがん》		生物の死がい（炭酸カルシウムの殻をもつ有孔虫、サンゴなど）	
		化学的に炭酸カルシウムが沈殿したもの	
チャート		生物の死がい（石英分《せきえいぶん》の殻をもつ放散虫《ほうさんちゅう》、珪藻《けいそう》など）	
		化学的に石英分が沈殿したもの	

* 大量の火砕流堆積物がたまると、しばしば自分の熱で再度固まって，溶結凝灰岩と呼ばれる岩石になる。

（撮影：斎藤眞）

礫岩　岐阜県飛騨川の日本最古（20 億年前）の石を含む上麻生礫岩

溶結凝灰岩（入戸火砕流堆積物）の表面の様子（地質標本館蔵 GSJR76336）

（撮影：斎藤眞）

■主な変成岩の区分

岩石が、熱や圧力など、受けた変成作用によって区分される。

結晶片岩

（大鹿村中央構造線博物館蔵）

変成岩の種類	変成作用
ホルンフェルス	マグマの熱によりマグマの周囲の岩石が再結晶したもの。石灰岩がこの変成作用を受けると大理石《だいりせき》と呼ばれる。
結晶片岩《けっしょうへんがん》	地下深部で熱と圧力の影響を強く受けて変成したもの。変形も同時に受けていてひらひらしていることが多い。変成度が低いものは千枚岩《せんまいいわ》と呼ばれる。
片麻岩《へんまがん》	地下深部で圧力より熱の影響を強く受けて変成したもの。粗い結晶が縞々の組織をしていることが多い。
マイロナイト *	地下深部の温度の高い状態での断層運動で強く変形してできたもの。

* 本書では断層運動の「化石」として取り上げた。区分の仕方によっては、変形岩とする場合もある。

■用語解説

本文中に解説しているものは省略。地質学的な年代については p.276-277、主な岩石については p.278-279 を参照のこと。＜斎藤＞

あ

厚《あつ》歯《ば》二《に》枚貝《まいがい》▶ちょうつがいに大きな噛み合わせの歯がある二枚貝のこと。二枚の殻が合わさる部分は小さいが、殻は大きくふくれて断面が U 字、V 字と特異な形をなし、現代の二枚貝のイメージとは大きく異なる。日本では 2 億 3000 万年～2 億 1000 万年前のメガロドン、2 億 7000 万～2 億 6000 万年前のシカマイアなどがあり、海洋島《かいようとう》上の礁《しょう》をつくる生き物だったが、6500 万年前までに滅んだ（図 -1）。

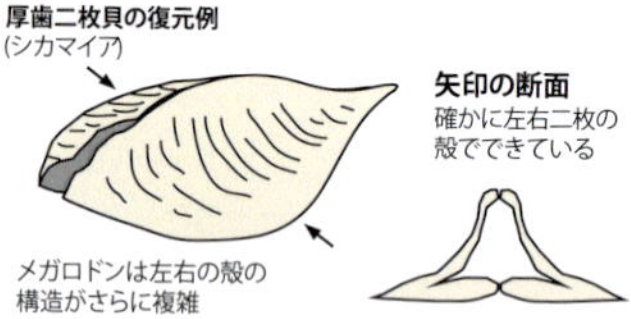
厚歯二枚貝の復元例
(シカマイア)
矢印の断面
確かに左右二枚の
殻でできている
メガロドンは左右の殻の
構造がさらに複雑

図 -1　厚歯二枚貝「シカマイア」

アラレ石《いし》▶アラゴナイト。炭酸カルシウム（$CaCO_3$）でできた鉱物の一種。サンゴなどの主要構成鉱物で、真珠もこの一種。

アンモナイト▶約 4 億年前～ 6500 万年前に生存した頭足類《とうそくるい》。イカやタコの仲間で、海中を浮遊していた。菊石類《きくいしるい》とも。地層の時代決定に有効な化石。

甌穴《おうけつ》→63滝の拝 参照

黄銅鉱《おうどうこう》▶銅と鉄の硫化物《りゅうかぶつ》。$CuFeS_2$、最も重要な銅鉱石。金によく似た金色。

オパール▶石英分（SiO_2）に水（H_2O）が含まれる鉱物。石英分を溶かし込んだ熱い水から沈殿することが多い。色の美しいものは宝石になる。放散虫《ほうさんちゅう》や珪藻《けいそう》などのプランクトンの殻もオパール。

オンファス輝石《きせき》▶ヒスイ輝石の仲間で，ヒスイ輝石に含まれるナトリウムの一部がカルシウムに置き換わったもの。純粋なものは緑色。高圧変成岩《こうあつへんせいがん》に含まれる。

か

海食崖《かいしょくがい》▶波食崖《はしょくがい》。波によって地層が削られてできる海岸沿いの崖。

崖錐堆積物《がいすいたいせきぶつ》▶デブリ。崖などの急傾斜地から供給された岩くずが直下にたまったもの。長い距離を運搬されていないので角張ったものが多く、固結していないため、大雨などで流出しやすい。

崖線《がいせん》▶海岸段丘《かいがんだんきゅう》、河岸段丘《かがんだんきゅう》などの急傾斜の部分がつながっているところ。正式な地形用語ではなく、関東平野以外ではあまり使われない。

海底火山《かいていかざん》▶海底から噴火する火山。

海底地《かいていじ》すべり▶海底表層の地層や岩石が、重力によって滑り落ちること。海溝の陸側の斜面など、不安定な傾斜の海底地形のところで起こる。

海洋島《かいようとう》▶海洋地殻《かいようちかく》の上にできる島で、ふつう海底火山としてできる。温かい海域では、サンゴなどでできた礁ができる。なお、海面下にある海洋底から 1000m 以上の高まりをもつものは「海山」と呼ぶ。

外輪山《がいりんざん》▶カルデラの縁をなす山のこと。

火炎構造《かえんこうぞう》→荷重痕《かじゅうこん》

火砕岩《かさいがん》▶火山砕屑岩《かざんさいせつがん》とも。火山から噴出した物質（火砕物）が堆積した岩石。国際的には火山岩に入れることが提案されている。

火砕丘《かさいきゅう》▶火山砕屑丘《かざんさいせつきゅう》。噴出した火山灰や火山礫《れき》などが火口の周辺に円錐形にたまって丘をつくったもの。

火砕流《かさいりゅう》▶火山噴火で生じる数百度以上のガスと火山灰・火山礫《れき》からなる空気よりもやや重い流体。高速で流れ下る。マグマが大規模に噴火したり、溶岩ドームが崩れたりして発生。厚くたまると自らの熱で固まり溶結凝灰岩《ようけつぎょうかいがん》となる。

火山ガラス▶マグマが急冷してできるガラスのこと。火山灰、溶岩など噴出の違いによって形態は様々。黒曜石もこの一種。

火山《かざん》フロント▶火山前線とも。日本のような海洋プレートが沈み込むところでは、海洋プレートが深さ 100 ～ 150km まで沈み込むと、海洋プレートから抜けた水とマントルの一部が反応して、マグマができる。このため海溝に平行に火山が連なる。この火山列の最も海溝側の部分が火山フロント（プレート 図 -6）。

火山礫凝灰岩《かざんれきぎょうかいがん》▶火山灰と火山礫からなる火砕岩。p.279 参照

荷重痕《かじゅうこん》▶堆積したての密度の小さい泥の層の上に密度の大きい砂の層がたまったときに、荷重により砂がめり込むようになる構造。火炎構造《かえんこうぞう》はその例。地層がたまったときの上下がわかる。

河川成《かせんせい》▶川の流れでたまった、の意。

活断層《かつだんそう》▶ 12 ～ 13 万年前から現在までに繰り返し活動し、今後も活動すると考えられる断層のこと。地下 10km 以深で断層が動いて地震を起こし、その変位が地表に表れたもの。

カッレンフェルト▶日本語表記ではカレンフェルトとも。植物の育たない石灰岩分布地域で、雨水の溶食《ようしょく》によって溝（カッレン）が多数できると、その間にピナクルと呼ばれる凸部が形成される。この景観全体のこと。

カルスト▶石灰岩分布地域に特徴的な溶食《ようしょく》地形のこと。ドリーネなどの窪地や鍾乳洞が見られる。

カルデラ▶火山噴火でできた大きな窪地。ふつう直径が 2km 以上のものを指す。大規模噴火で、大量に火山噴出物を噴出するなどしてできた地下の空洞に、地表部が落ち込んでできる。その後、外輪山の部分が崩壊してさらに広がる。カルデラ湖は、カルデラ全体または一部に雨水がたまったもの。

岩屑《がんせつ》なだれ▶噴火や山体の変形などで山体が崩壊し、ふもとに向かって一気になだれ落ちること。

含銅硫化鉄鉱《がんどうりゅうかてっこう》▶黄鉄鉱《おうてっこう》、磁硫鉄鉱《じりゅうてっこう》、黄《おう》銅鉱《どうこう》からなる鉱石。ふつう層状、縞状。

貫入岩《かんにゅうがん》▶マグマが上昇してきて他の岩石の中に入り込んで固まった物。地下深くでゆっくり冷えれば深成岩《しんせいがん》に、浅いところで急に冷えれば火山岩《かざんがん》となる。

間氷期《かんひょうき》→氷期《ひょうき》

岩脈《がんみゃく》▶ある岩石の中に別な岩石が脈状に侵入して固結したもの。通常マグマが噴出しようと周囲の岩石を割って上昇する際にできる。→㉑橋杭岩 参照

キースラーガー▶層状含銅硫化鉄鉱床《そうじょうがんどうりゅうかてっこうしょう》のこと。変成岩《へんせいがん》に含まれることが多く、もともと海底火山に伴ってできたものが変成したと考えられている。別子銅《べっしどう》山《ざん》が有名。別子型鉱床《べっしがたこうしょう》ともいわれる。

北《きた》アメリカプレート→プレート 図 -6

絹雲母《きぬうんも》▶鉱物の一種で、透明でひらひらしている白雲母《しろうんも》のうち、微細なもの。長石が変質してできることが多い。国内でも採掘されている。

逆断層《ぎゃくだんそう》→断層

級化構造《きゅうかこうぞう》▶級化成層《きゅうかせいそう》、級化層理《きゅうかそうり》。ひとつの地層の中で下部から上部に向かって連続的に細粒に変化すること。乱泥《らんでい》流《りゅう》によって運ばれた粒子がたまった場合などでできる。地層の上下もわかる。

凝灰角礫岩《ぎょうかいかくれきがん》▶火山灰、火山礫《れき》、火山岩《がん》塊《かい》からなる火砕岩《かさいがん》。p.279 参照

黒雲母《くろうんも》▶鉄分の多い雲母。花崗岩《かこうがん》などに含まれる黒くはがれやすい鉱物。

構造線《こうぞうせん》▶大規模な地質の境となる変位量の大きい断層のこと。

紅《こう》れん石《せき》▶マンガンを含む濃赤色の鉱物。

コークス▶石炭を蒸し焼きした燃料のこと。硫黄分《いおうぶん》などの成分が抜けて多孔《たこう》質《しつ》になったもの。高温を得ることができるので製鉄などで使われる。

混在岩《こんざいがん》▶泥岩などに他の種類の岩石のブロックや角礫《かくれき》が雑多に入っているもの。メランジュに特徴的に見られる。

さ

砂岩泥岩互層《さがんでいがんごそう》▶砂岩と泥岩が交互に重なった地層。

サヌカイト▶❽❷屋島 参照

三角貝《さんかくかい》▶トリゴニアとも。殻は厚く、三角形に近い形をしているトリゴニア科の二枚貝の総称。2 億～ 6500 万年前に繁栄した貝。現代もわずかに近縁種が生き残る。地層の時代決定に有効。

ジオパーク▶地球科学的に見て重要な自然遺産を含んだ自然に親しむための大地（ジオ）の公園（パーク）。大地の遺産を保全する、教育に役立てる、ジオツーリズムで地域振興をはかる、などが主要な役割。

四国海盆《しこくかいぼん》▶フィリピン海プレート東部の 2000 万年前以降にできた若い海洋プレートの部分。→**プレート** 図 -6

地《じ》すべり▶地辷《じすべ》り。斜面をつくる地層・岩石が地下にできたすべり面を境に、重力によって移動すること。移動速度は遅く、形を保って移動する部分がある。崖崩れなどのような高速移動は「崩壊」と呼ぶ。

斜層理《しゃそうり》▶ある地層の中で層理面（水平面）に対して傾いて粒子がたまったことによってできる斜めの面のこと。水流や波浪などの動きが比較的強い場で地層がたまるときにできる。形によって当時の水流などの方向やたまった場所などが推定できる。

褶曲《しゅうきょく》▶地層に大きな力がゆっくりと加わったときに、地層が曲がりくねるように変形すること。背斜《はいしゃ》と向斜《こうしゃ》がある（図 -2）。長時間強い力を受け続けることで硬い地層もゆっくり曲がる。

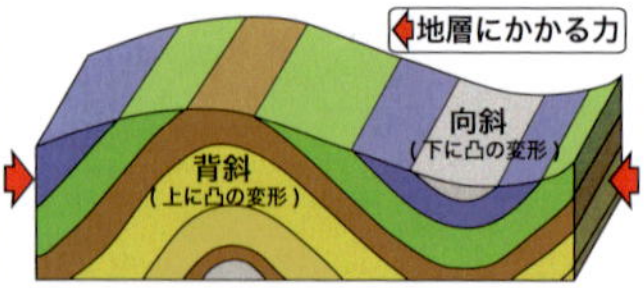

図 -2　褶曲の種類

礁《しょう》▶リーフ。温かい海でサンゴなどの炭酸塩骨格や殻をもつ生物がつくる石灰岩地形。紡錘虫《ぼうすいちゅう》や厚歯二枚貝《あつばにまいがい》などサンゴ以外が礁をつくった時代も多い。

衝上断層《しょうじょうだんそう》→❽❾砥部衝上断層 参照

鍾乳洞《しょうにゅうどう》▶地表から入った雨水によって石灰岩が溶かされてできる洞穴。

スカルン▶石灰岩などの炭酸塩でできた岩石に花崗岩などのマグマが貫入した際、マグマと石灰岩中のカルシウムが反応してできる鉱物の集合体のこと。

スコリア▶色の黒い発泡した火山噴出物。玄武岩をつくるような石英分に乏しいマグマが発泡してできる。火口の周りでこれのたまった山がスコリア丘。

スチルプノメレン▶褐色から黒褐色の鉄やマンガンを多く含む鉱物。

スランプ▶海底などにたまった地層が、未固結のうちに、重力によって斜面を滑り落ち、不規則な褶曲《しゅうきょく》をした様子。

スレート劈開《へきかい》▶地層や岩石ができた後にできる、うすくはがれる面構造。面構造に直角な方向から圧力が加わってできる説が有力。地層がたまったときにできる層理面《そうりめん》とは関係なくできる。

石英分《せきえいぶん》▶珪酸分《けいさんぶん》とも。鉱物や岩石中の二酸化珪素《にさんかけいそ》（SiO_2）成分。火成岩ではこの成分の量比で名前が決まる。岩石をつくる鉱物の主要成分。岩石中で単独で結晶化した鉱物を「石英」と言う。

石炭《せきたん》▶地中に埋もれて酸素の乏しい環境に置かれた植物遺骸《しょくぶついがい》が、地下の圧力や熱で酸素、水素が抜け、黒色の芳香族炭化水素主体の物質になったもの。日本では九州北西部、常磐、北海道など 4000 万年前頃にできたものが多い。

接触変成作用《せっしょくへんせいさよう》▶マグマの熱が周囲の岩石の鉱物を再結晶させること。

節理《せつり》▶地層・岩石に見られる割れ目のこと。割れ目をはさんで、目で見てずれが認められないときの表現。地層・岩石に大きな力が加わってできる場合や、溶岩や溶結凝灰岩《ようけつぎょうかいがん》が冷えるときの体積収縮によってできる場合などがある。

浅海成《せんかいせい》▶大陸棚でたまった、の意。

穿孔貝《せんこうがい》▶岩石や木材、また他の貝に穿孔するという習性をもつ貝のこと。二枚貝が多い。波打ち際の地層に穴をあけて生息するものが多いので、過去の海水面の位置がわかる。

層理《そうり》▶地層がたまるときに粒度の変化 (砂→泥→砂) などによってできる、板の積み重なったような様子のこと。その板状の面を層理面と言う。

た

タービダイト▶乱泥流《らんでいりゅう》がたまったもの。１枚のタービダイトは砂岩から泥岩になる級化構造《きゅうかこうぞう》をもつ。流れのあるところでたまったことを示す漣痕《れんこん》などの堆積構造が見られることが多い。繰り返すと砂岩泥岩互層《さがんでいがんごそう》ができる。

太平洋《たいへいよう》**プレート**▶太平洋東部でできて、太平洋西部で沈み込む巨大なプレート。日本近海が古く、1 億 6000 年前にできた地球上に現存する最も古い海洋プレートの部分を持つ。→**プレート** 図 -6

大陸棚《たいりくだな》▶水深 130 ～ 140m 以浅の傾斜のゆるい海底。深海に向かって傾斜が急になるところからが大陸斜面。

大理石《だいりせき》→**方解石**《ほうかいせき》

タフォニ▶岩盤表面が風化することによって形成される穴。岩盤表面から水が蒸発する過程で、岩石の成分が抜けるために起こる。海水飛沫を受ける海岸沿いによく見られる。→ ㊼熊野鬼ヶ城と獅子岩 参照。

たまる▶堆積する、の意。

段丘《だんきゅう》▶平たん面と急崖が階段状になっている地形。河川沿いは河岸段丘《かがんだんきゅう》（河成段丘《かせいだんきゅう》）、海岸沿いは海岸段丘《かいがんだんきゅう》（海成段丘《かいせいだんきゅう》）と呼ぶ。河岸段丘はおおむね段丘面をつくる地層があるが、海岸段丘は波による浸食面が隆起しただけで地層がない場合も多い。

断層《だんそう》▶地層・岩石に力が加わって割れ、割れた面に沿ってずれること。ずれの向きによって、逆断層、正断層、横ずれ（右、左）断層、またそれらの複合形態がある（図 -3）。ずれた面（段層面）に沿って地層・岩石がすりつぶされて、断層粘土ができる。

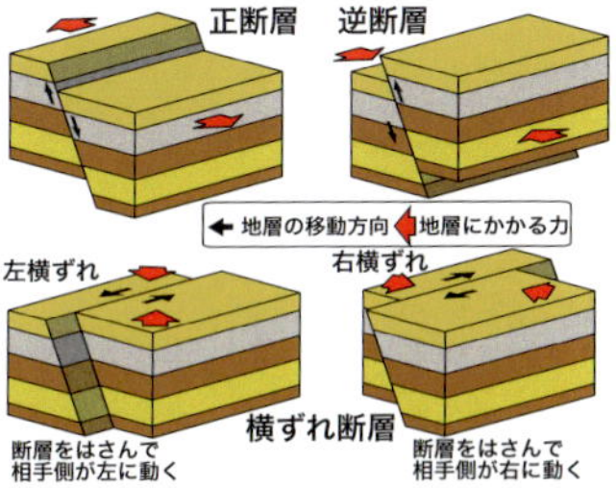

図 -3　断層の種類

地圧《ちあつ》▶地下で地層・岩石から発生する圧力。深さと地質による。

地殻《ちかく》▶地球表面の殻の部分。大陸では比較的厚く 30 ～ 40km。一方海洋地

図 -4　地球のつくり

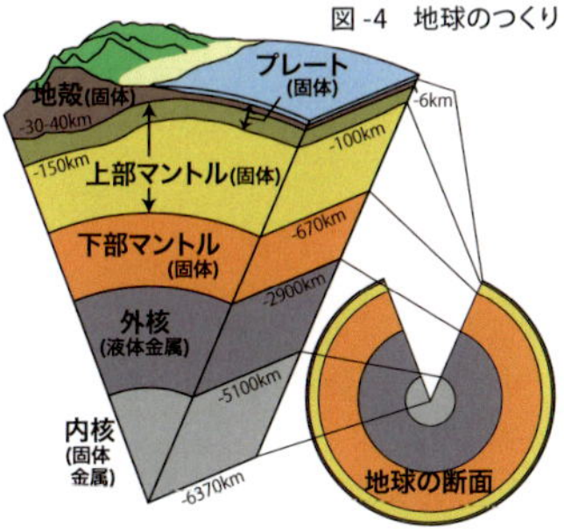

殻では厚さ 6km とうすい（図 -4）。玄《げん》武岩《ぶがん》や花崗岩《かこうがん》で、マントルより軽い。

中央火口丘《ちゅうおうかこうきゅう》▶カルデラ内にできる火山のこと。ただし、カルデラ形成後の火山はカルデラの縁にできることもある。

柱状節理《ちゅうじょうせつり》▶溶岩や溶結凝灰岩《ようけつぎょうかいがん》が冷えるときの体積収縮によってできる節理のこと。冷える方向に伸びて、6 角柱の柱になる。冷却時の体積減少でできる節理のうち、最も一般的。→節理《せつり》

長石《ちょうせき》▶火成岩《かせいがん》の主要鉱物のひとつ。カリウムに富む正長石《せいちょうせき》（カリ長石）、ナトリウムに富む曹長石《そうちょうせき》、カルシウムに富む灰長石《かいちょうせき》がある。曹長石と灰長石の間の中間成分をもつものを斜長石《しゃちょうせき》という。

泥炭《でいたん》▶ピート。植物が酸素の乏しい環境でたまって分解されずに残るもの。主に冷温湿潤の気候の場所でできる。地中に埋もれて圧力と熱を長い時間加えられると石炭になる。

デュープレックス▶1 セットの地層に横からの力が加わって衝上断層《しょうじょうだんそう》が繰り返し形成され、地層が積み重なったもの。観察できるものから、地図上でないとわからないものまで、様々なサイズがある。プレートの沈み込みによってできる付加体にしばしば見られる。
→㊱三浦半島 参照

土石流《どせきりゅう》▶集中豪雨などで土砂や岩石が水と混じり合って、全体として密度が大きくなった流体が斜面を流れ下るもの。大きな浸食力、破壊力がある。

トラフ▶舟状海盆《しゅうじょうかいぼん》とも。深海底にある舟の底のようなゆるい窪地のこと。海溝ほど深い溝ではない。

ドリーネ▶㊿80秋吉台 参照

ドロマイト▶マグネシウムの炭酸塩（$MgCO_3$）でできた鉱物。

な

南海《なんかい》トラフ→プレート 図 -6

熱水《ねっすい》▶地下水のうち地熱の影響で高温（高圧）のもの。地熱発電に重要。また岩石から様々な元素を溶かし出し、冷却・減圧によって沈殿させるため、金属鉱床の形成にも重要である。

は

波食棚《はしょくだな》▶波食台《はしょくだい》、ベンチ。潮間帯《ちょうかんたい》（満潮時に水没する部分）にある平たんな岩床のこと。沖側の端には波に削られて小さな崖ができる。

斑状花崗岩《はんじょうかこうがん》▶かつて花崗斑岩《かこうはんがん》、石英斑《せきえいはん》岩《がん》（石英の目立つもの）と呼ばれたもののうち、粗粒のもの。細粒のものは流紋岩《りゅうもんがん》に含める。細かい鉱物の中に粗い鉱物が斑《まだら》状に分布する。

板状節理《ばんじょうせつり》▶板状の割れ目。火山岩では柱状節理《ちゅうじょうせつり》の中に柱状節理と直行してできるものと、溶岩が流れる際に地面との摩擦で力が加わってできるものがある。→節理《せつり》

ヒスイ輝石《きせき》▶硬玉《こうぎょく》。ナトリウムとアルミニウムからなる石英分の比較的少ない鉱物。高圧変成岩に含まれる。蛇紋《じゃもん》岩《がん》とともに産出することが多い。純粋なものは白色。硬く、宝石になる。

ピナクル→カッレンフェルト

氷期《ひょうき》▶中緯度地方の山岳地以外にも氷河があったような寒冷な時期。一方、間氷期《かんひょうき》は氷期の間の現在と同じかそれ以上に暖かい時期。最も新しい 7 万～1 万年前の氷期を最終氷期、その前の 13 万～ 7 万年前の温暖な時期を最終間氷期という。

フィリピン海《かい》プレート▶本州の中で伊豆半島だけがこのプレートに載る。
→プレート 図 -6

風穴《ふうけつ》▶山地や山麓の洞穴で内部に風の動きがあるもの。溶岩中の溶岩洞穴には溶岩が流動したときの穴や、ガスが抜けた穴、樹木が取り込まれて形が残った穴（溶岩樹型）などがあり、富士山周辺に多く知られる。氷に覆われて

図-5　付加体のできる様子

この図はイメージなので、縦横比は正確ではありません。

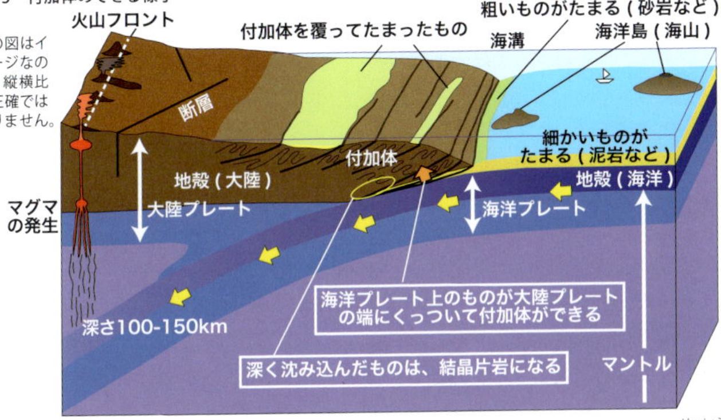

いるものを氷穴と呼ぶこともある。

フォッサマグナ▶糸魚川《いといがわ》・静岡構造線《しずおかこうぞうせん》の東側にある周囲より標高の低い部分。2000万～1500万年前に日本列島がユーラシア大陸から離れるときに折れ曲がった部分がへこんで地層がたまった。→プレート 図-6

付加体《ふかたい》▶プレートの沈み込みによって、沈み込むプレート上の地層や岩石が、相手側のプレートの前面にくっついてできる複雑な地層(図-5)。日本列島の基盤をなす地層の多くを占める。

プリニー式噴火《しきふんか》▶多量の軽石や火山灰を空高く成層圏まで噴出するような爆発的な火山噴火のこと。放出された火山灰などは風下側の地表を広く覆い、広範囲に被害を及ぼす。上昇していた噴煙は上昇力を失うと火砕流《かさいりゅう》になって四方八方に流れ下る。

プレート▶地殻とマントル最上部を合わせた部分のこと(地殻 図-4)。大陸プレートと海洋プレートがあり密度の大きい海洋プレートは大陸プレートの下に沈み込む。日本付近では海洋プレートである太平洋プレートとフィリピン海プレートが沈み込む(図-6)。

片理面《へんりめん》▶変成岩《へんせいがん》にできる面構造《めんこうぞう》のこと。再結晶した鉱物が並んでいるために、その面ではがれやすい。特に結晶《けっしょう》片岩《へんがん》に見られる。

崩壊《ほうかい》→地すべり

方解石《ほうかいせき》▶炭酸カルシウム($CaCO_3$)でできた鉱物。石灰岩《せっかいがん》は主にこの成分でできていて、大理石《だいりせき》は石灰岩が接触変成作用をうけて粗い方解石の結晶の集合体になったもの。

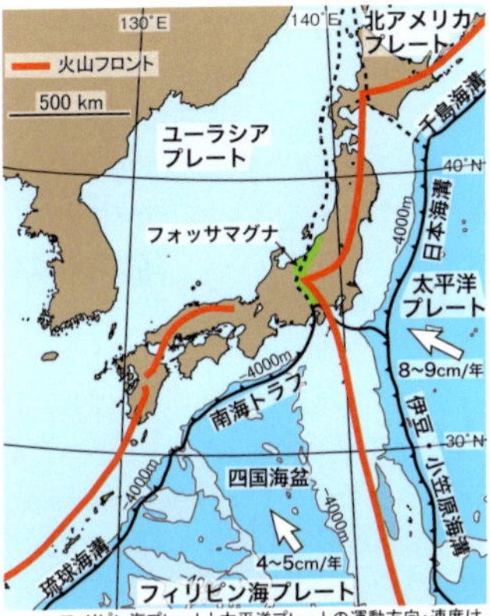

フィリピン海プレートと太平洋プレートの運動方向・速度はユーラシアプレートと北米プレートに対するもの

図-6　日本列島とプレート

放散虫《ほうさんちゅう》▶主にオパールでできた殻をもつ動物プランクトン(p.286写真左)。殻の大きさは0.1～0.5mm。5億年以上前から現在まで生息。化石は地層の時代決定に有効。1979年頃から「秩《ちち》父古生層《ぶこせいそう》」（古生代の地層）と呼ばれていた地層から中生代《ちゅうせいだい》の放散虫化石が多数報告され、日本の地質の理解が劇的に変わった。これを放散虫革命と呼び、「秩父古生層」の語は死語になった。

紡錘虫《ぼうすいちゅう》▶フズリナ。約3億～2億5000万年前に栄えた有孔虫《ゆうこうちゅう》の仲間（写真右）。2億5100万年前頃に絶滅。単細胞だが複雑な炭酸カルシウムの殻をもち、礁をつくる。時代決定に有効な化石。

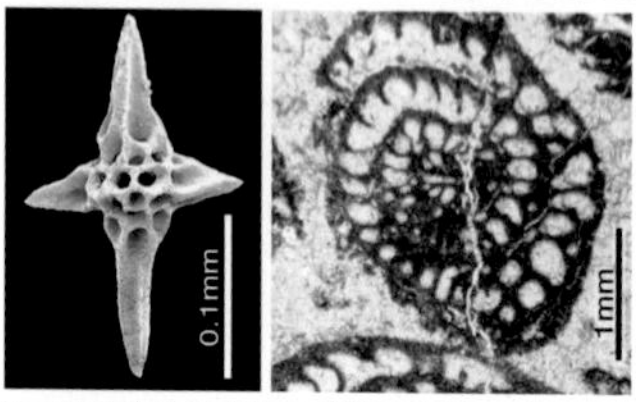

左：放散虫化石（電子顕微鏡写真）。1億7000万年前。<斎藤・沢田（2000）5万分の1地質図幅「横山」>、右：紡錘虫（フズリナ）化石の断面。2億8000万年前。<斎藤（1993）地質調査所月報, 44, 571-596>

ま

マグマ水蒸気爆発《すいじょうきばくはつ》▶マグマが地下の浅い所で地下水に接触して、多量の高圧水蒸気が発生して起こる爆発的な噴火。

マグマだまり▶マグマが地殻の中でたまったもの。火山付近の地下数 km にできる。ここから噴出すると火山ができるが、噴出できないまま冷えると深《しん》成岩《せいがん》ができる。

枕状溶岩《まくらじょうようがん》▶海底で溶岩（粘性の低い玄《げん》武岩《ぶがん》など）が噴出したときにできる、枕が積み重なったような様子のこと。枕の形態から噴出時の上下関係がわかる。枕の表面は水で急冷されている。

マントル▶超苦鉄質岩《ちょうくてつしつがん》からなる固体。ゆっくりと対流する。→地殻《ちかく》 図-4

メガロドン→厚歯二枚貝《あつばにまいがい》

メランジュ▶様々な岩体（たとえばチャート、玄武岩《げんぶがん》）が変形しやすい岩石（たとえば泥岩など）の中に含まれているような、大変複雑な地層で、地質図に表現できるような広がりをもつ地層についていう。付加体にしばしば見られる。「混合」を意味するフランス語。

面構造《めんこうぞう》▶地層や岩石の中に見られる平たん面の総称。層理面《そうりめん》、断層面《だんそうめん》、変成《へんせい》岩《がん》の片理面《へんりめん》、スレート劈開《へきかい》などがある。

や

ユーラシアプレート→プレート 図-6

溶岩《ようがん》ドーム▶溶岩円頂丘《ようがんえんちょうきゅう》。石英分に富む粘性の大きい溶岩がゆっくりと地上に出て、火口の上につくるドーム状の盛り上がり。地表面を隆起させただけで溶岩が出てこなかったものは潜在溶《せんざいよう》岩《がん》ドームという。

溶結凝灰岩《ようけつぎょうかいがん》▶火砕流《かさいりゅう》が厚く堆積したときに、火山灰や火山ガラスが自らの熱でくっついた（溶結《ようけつ》した）もの。

溶食《ようしょく》▶雨水に二酸化炭素が溶けてできた炭酸が、石灰岩の炭酸カルシウムを溶かして石灰岩を浸食すること。

ら

乱泥流《らんでいりゅう》▶大陸棚斜面で発生した泥・砂などの混ざった流れのこと。混濁流《こんだくりゅう》とも。これが海底谷を下り、深海底にたまったものがタービダイト。常時起こるのではなく洪水、地震等による斜面の崩壊などで間欠的に起こる。

リムストーンプール▶→80秋吉台、116玉泉洞 参照

流理構造《りゅうりこうぞう》▶マグマが固結するときに流動したために、結晶化した鉱物が縞模様に配列した組織のこと。流紋岩《りゅうもんがん》はこの組織が特徴的に見られる。

漣痕《れんこん》▶リップルマーク。水ないし風の流れで砂層の表面にできる波模様。地層の上下、風や水流の向きがわかる。

ローム▶土壌区分のひとつでシルト及び粘土の含有割合が25～40%程度のもの。粘性の高い土壌。関東ローム層は火山灰起源。

■著者プロフィール

北中康文《きたなかやすふみ》　1956 年、大阪府生まれ。日本写真家協会・日本自然科学写真協会会員。スポーツカメラマンから自然風景分野へ転身。現在、日本列島をフィールドに、自然の姿を幅広く撮影中。「日本地質学会表彰」受賞。著書に『日本の滝①②』『風の回廊～那須連山～』『LE TOUR DE FRANCE』など。

斎藤眞《さいとうまこと》　1964 年、岐阜県生まれ。専門は地質学。現在、産業技術総合研究所で主に日本列島全域の地質の研究を行っている。著書に『日本列島の地質　コンピュータグラフィックスー理科年表読本』『日本の滝②』『地質と地形で見る日本のジオサイト』(以上分担執筆) など。[本書担当番号：5, 11, 12, 24, 29 ～ 31, 34 ～ 36, 39, 41, 42, 44, 47 ～ 53, 55, 56, 59, 62 ～ 64, 66, 74 ～ 81, 84 ～ 88, 91 ～ 93, 95, 100 ～ 102, 106 ～ 108, 113, 114]

下司信夫《げしのぶお》　1971 年、茨城県生まれ。専門は火山地質学。現在、産業技術総合研究所で主に火山活動の研究を行っている。著書に『Encyclopedia of Geology』『日本地方地質誌　関東地方』(以上分担執筆)など。[本書担当番号：1, 2, 7, 8, 13 ～ 17, 19, 23, 25 ～ 28, 40, 43, 45, 54, 57, 58, 60, 61, 65, 82, 90, 96 ～ 99, 103 ～ 105, 109 ～ 112]

渡辺真人《わたなべまひと》　1962 年、愛知県生まれ。専門は地質学。現在、産業技術総合研究所で主に地質学の研究を行っている。著書に『地質学ハンドブック』『日本地方地質誌　中部地方/関東地方』(以上分担執筆)など。[本書担当番号：3, 4, 6, 9, 10, 18, 20 ～ 22, 32, 33, 37, 38, 46, 67 ～ 73, 83, 89, 94, 115, 116]

■参考ウェブサイト

産業技術総合研究所地質調査総合センター　http://www.gsj.jp/

20 万分の 1 日本シームレス地質図

http://riodb02.ibase.aist.go.jp/db084/index.html

国指定文化財等データベース　http://www.bunka.go.jp/bsys/

地質情報ポータルサイト　http://www.web-gis.jp/index.html

協　力　▶北海道遠軽町役場ジオパーク推進課▶石炭博物館▶アポイ岳ビジターセンター▶三松正夫記念館▶大谷資料館▶木の葉化石園▶高峰高原ビジターセンター▶フォッサマグナミュージアム▶石川県白山市教育委員会▶富士山ビジターセンター▶地震断層観察館▶金生山化石館▶鳳来寺山自然科学博物館▶遊覧船かすみ丸▶ホテル知夫の里▶石見銀山世界遺産センター▶岡山県真庭市役所勝山支局▶秋芳洞▶マイントピア別子▶平尾台自然観察センター▶島原半島ジオパーク事務局▶阿蘇火山博物館▶御所浦白亜紀資料館▶球泉洞▶九州電力・八丁原地熱発電所▶鹿児島県霧島市役所霧島ジオパーク推進室▶山川天然砂むし温泉▶玉泉洞▶石森孝雄▶佐久間公平▶山口源一郎▶中川正二郎

＊順不同・敬称略

デザイン　ニシ工芸

列島《れっとう》自然《しぜん》めぐり　日本《にっぽん》の地形《ちけい》・地質《ちしつ》　——見《み》てみたい大地《だいち》の風景《ふうけい》116——

2012年3月11日　初版第1刷発行
2023年4月20日　初版第5刷発行

写　真　北中康文
解　説　斎藤 眞　下司信夫　渡辺真人
発行者　斉藤 博
発行所　株式会社　文一総合出版
〒162-0812　東京都新宿区西五軒町2-5
Tel : 03-3235-7341（営業）
Fax: 03-3269-1402
https://www.bun-ichi.co.jp　振替：00120-5-42149
印　刷　奥村印刷株式会社

ISBN978-4-8299-8800-8　NDC450　Printed in Japan